오일러 리만 라마누잔의 접점을 찾아서

제타 함수의 비밀

EULER, RIEMANN, RAMANUJAN
by Nobushige Kurokawa

Originally published in Japanese by Iwanami Shoten, Publishers, Tokyo, 2006.
This Korean language edition published in 2014
by Sallim Publishing Co., Ltd., Paju,
by arrangement with the proprietor c/o Iwanami Shoten, Publishers, Tokyo.

제타 함수의 비밀

구로카와 노부시게 지음 : **정경훈** 옮김

살림Friends

현대 수학에서 가장 중요한 것 중 하나가 제타입니다. 원래는 소수의 연구로부터 시작된 것입니다. 이 책은 제타를 연구했던 세 명의 대(大)수학자 오일러(Leonhard Euler, 1707~1783), 리만(Georg Friedrich Bernhard Riemann, 1826~1866), 라마누잔(Srinivasa Aiyangar Ramanujan, 1887~1920)에 초점을 맞추고 있습니다. 이들은 동시대에 살지도 않았고 살던 장소도 다릅니다.

오일러는 스위스 출신인데, 주로 러시아의 해변 마을 상트페테르부르크에서 제타 연구를 하고 거기에서 사망했습니다.

리만은 독일 사람으로 괴팅겐에서 제타를 연구했습니다. 수학에서 가장 어려운 문제로 이름 높은 '리만 가설' 은 제타의 영점(값이 0이 되는 곳)에 관한 문제입니다.

라마누잔은 인도의 타밀어 권에서 태어났는데, 영국의 케임브리지에서 제타를 연구하여 누구도 생각지 못한 완전히 새로운 제타를 발견했습니다.

이처럼 시대도 장소도 달랐던 세 사람의 수학자에게 면면히 흘러온 것, 그것이 제타입니다. 피타고라스가 시작한 '소수 해명의 꿈'이 발전하여 '제타 통일의 꿈'이 되어 오일러, 리만, 라마누잔으로 배턴을 넘겨 온 것입니다. 이는 더 나아가 '절대 수학의 꿈'으로도 향하고 있습니다.

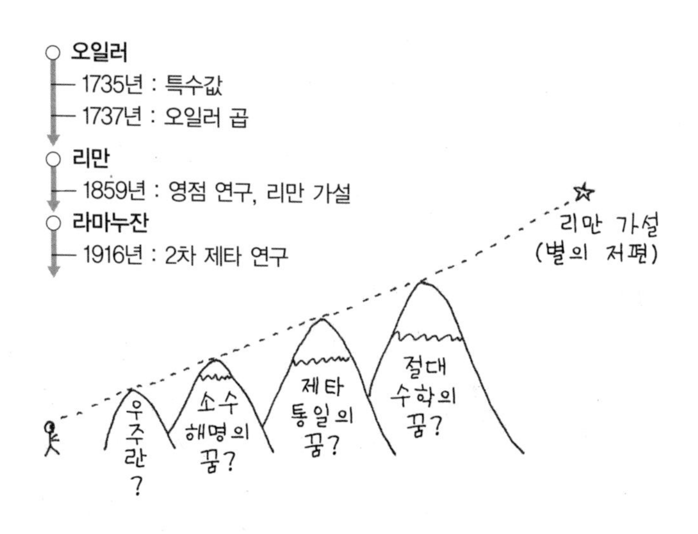

그럼 제타로의 여행을 즐겨 주십시오.

구로카와 노부시게

목차

1

피타고라스로부터 오일러까지

1
2
3

수의 시작

1, 2, 3만 알면 수학을 아는 것과 다름없다는 말을 들은 적이 있습니다. 언제쯤부터 1이 나왔던 것일까요? 누가 처음 생각한 것일까요? 지혜 나무의 열매(선악과)를 먹었던 사람이었을까요? 그즈음의 기록은 이제 남아있지 않은 것 같습니다. 생물의 진화로부터 보면 인간보다 이전에 수를 생각했던 생물이 있었다는 생각은 들지만…….

애초 이 우주의 처음은 살아 있는 점 '하나' 였다고 합니다. 우리들의 기억을 수억 년이나 더듬어 가면 그 시절의 것도 알 수 있을지 모릅니다.

어쨌든 우주가 시작했던 때를 훨씬 지난 뒤 지구에서는 그리스에 피타고라스(Pythagoras)가 태어났습니다.

피타고라스 학파

수학자 피타고라스는 지금으로부터 2,500년 전 그리스에서 활약했습니다. 피타고라스의 이름은 '피타고라스의 정리(Pythagorean theorem)' 로 기억되고 있습니다. 직각삼각형의

세 변 a, b, c(빗변) 사이에

$$a^2+b^2=c^2$$

이라는 아름다운 관계가 있다는 정리입니다. '세 제곱의 정리' 라고도 불립니다.

피타고라스의 정리는 수학의 정리 중에서도 초창기의 정리여서 특히 유명합니다. 증명도 여러 가지로 궁리되어 나와 현재까지 100개 이상의 증명이 알려져 있습니다.

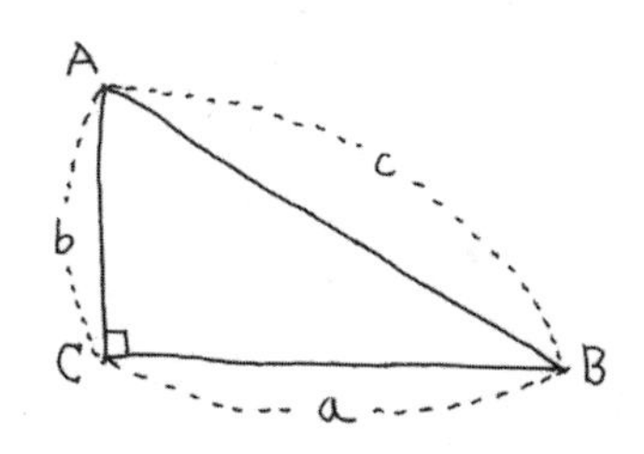

이 정리는 직각을 만드는 데도 사용합니다. 실제로 삼각형의 세 변 a, b, c가 $a^2+b^2=c^2$을 만족하면 직각삼각형이라는 것도 증명할 수 있기 때문입니다. 예를 들어 길이가 12cm인 실로 세 변이 3cm, 4cm, 5cm인 삼각형을 만들면 직각이 나옵니다.

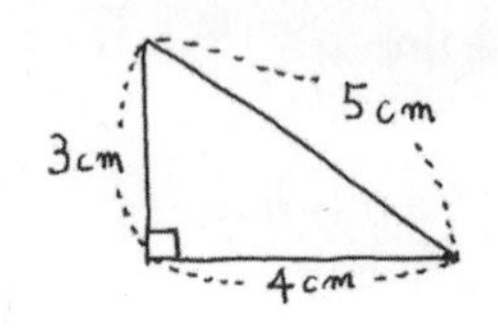

이는 토지의 구분이나 건축물을 짓는 데도 편리한 방법입니다. 그리스 시대보다 더 이전의 바빌로니아와 이집트에서도 사용하였다는 기록이 있습니다.

피타고라스의 정리는 사실 피타고라스보다 이전부터 알려져 있었는데, 정확히 증명된 것은 그리스의 피타고라스와 피타고라스 학파에 이르러서인 것 같습니다. 역사적으로 확실히 남아 있는 기록은 기원전 300년경에 쓰인 유클리드(Euclid)의 『기하학 원론(Stoicheia)』에 있습니다. 피타고라스의 정리(직각삼각형이라면 $a^2+b^2=c^2$)는 이 책 제1권의 명제 47에 증명돼 있고, 피타고라스의 정리의 역($a^2+b^2=c^2$이면 직각삼각형)은 그다음 명제 48에 증명돼 있습니다. 명제 47은 직각삼각형의 세 변 위에 정사각형을 만들어, 빗변 위의 정사각형의 넓이 c^2이 다른 두 개의 정사각형 넓이의 합 a^2+b^2과 같다는 것을 그림처럼 증명합니다(왼쪽의 빗금 친 부분처럼 보조선을 그어 줍니다. 삼각형을 회전시키는 것이 요령입니다).

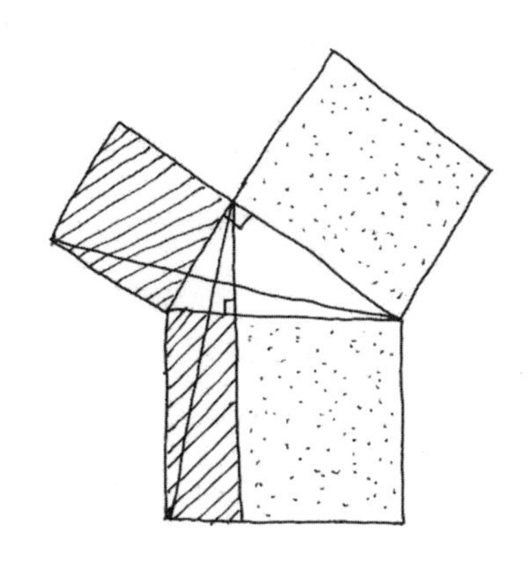

이 '증명'이라는 사고방식이 수학의 특징입니다. 그 덕에 누구든 어디서든 심지어 다른 행성에서도 의문 없이 말끔히 논의가 되는 것입니다. 증명이 없으면 갖가지 주장만 내세우다가 끝나 버립니다.

그런데 지금은 피타고라스 정리로 유명해진 피타고라스지만, 그가 가장 강력히 주장했던 것은 '만물은 수'라는 것입니다. 요컨대 이 우주의 모든 것은 수(자연수)로 설명할 수 있다는 수론(數論)적 우주관입니다. 피타고라스의 출생 및 사망 연도는 유감스럽게도 확실히 알지 못하는데, 여러 가지 기록으로 미루어 기원전 572년경에 태어나 기원전 492년경에 사망한 것으로 보입니다. 피타고라스는 젊은 시절에 이집트와 바빌로니아에 가서 공부하고 고향인 사모스 섬에 돌아온 뒤 이

탈리아 남부의 해안인 크로톤에 학교를 열어 자신의 학설을 처음 말했다고 전해지고 있습니다. 정확히 2,500년 전에는 70세 정도의 나이가 되었을 터입니다. 틀림없이 그즈음에도 피타고라스는 수로부터 우주의 모두를, 그 모든 것의 조화를 알 수 있다고 말하고 있었을 것입니다.

피타고라스는 수학을 수론, 음악, 기하학, 천문학의 네 분야로 이루어진 것으로 보고 '마테마(Mathema, 원래 배울 만한 것을 의미하는 말로 영어에서 수학을 이르는 'mathematics'의 어원이 되었습니다)'라고 이름 붙였습니다. 이것이 '수학'이라는 말의 시초입니다. 제재가 수냐 양이냐로 나누고, 연구 내용이 정적이냐 동적이냐로 나누어 네 분야가 됩니다.

	정	동
수	수론	음악
양	기하학	천문학

수론은 수의 정적인 이론, 음악은 수의 동적인 이론, 기하학은 양의 정적인 이론, 천문학은 양의 동적인 이론이라고 나눕니다.

이러한 구분은 현대 수학의 의미에서 보면 다소 이상할지도 모르겠습니다. 특히 음악과 천문학이 수학 속에 들어 있는 것에 주목해 주십시오. 미래의 수학이 다시 최초의 풍부했던 의미의 수학이 되기를 기대하고 싶은 까닭이 바로 여기에 있습니다.

그런데 피타고라스가 보기에는 수학에서 절대로 음악이 빠질 수 없습니다. 왜냐하면 그에게 있어서 음악이야말로 수학의 처음이었기 때문입니다. 어느 날 피타고라스는 대장간 앞을 우연히 지나던 중에 금속끼리 부딪히며 울려 퍼지는 "찡! 짱! 쫑!" 하는 소리를 듣고 반하게 됩니다. 그 소리의 조화로움을 해명하다가 음정과 정수비의 관계에 관심이 이르렀던 것입니다.(플라톤, 『국가(Politeia)』, 제7권 531A-C)

그는 현의 길이의 비가 1:2이면 1옥타브(8도), 2:3이면 5도, 3:4이면 4도, …… 라는 방식으로 협화음을 만든다는 것을 발견했습니다. 아름다운 음악의 배후에 수의 비라는 아름다움이 숨어 있다는 것은 그에게 '만물은 수' 라는 생각을 확고하게 만들었을 것입니다. 피타고라스의 경우 윤회나 환생에 대해서도 말했다는 이야기가 전해지니 눈에 보이는 세계뿐만 아니라 영혼의 세계까지 발을 들여놓아 생각했던 모양입니다.

피타고라스의 영향

'만물은 수' 라는 피타고라스의 생각은 이후의 수학에도 큰 영향을 미쳤습니다. 현대 수학도 그렇지만 소립자론이나 우주론 등의 분야에 있어서도 궁극의 방정식을 구하려는 무수한 시도에까지 나타나고 있습니다. 특히 최근의 '초끈 이론(Superstring Theory)' 은 모든 것의 이론으로 불리고 있는데, 그러한 목표에 제법 근접해 있는지도 모릅니다.

피타고라스(학파)에 대한 증언

① 피타고라스 학파는 수학의 연구에 종사했던 최초의 사람들인데, 그들은 이 학문을 더욱 발전시킴과 동시에 수학 안에서 성장한 사람들로서 수학의 원리를 모든 존재하는 것의 원리라고 생각하였다. 대저 수학의 모든 원리 중에서도 본래 으뜸가는 것은 수이며, 따라서 그들은 불이나 물이나 흙보다도 이러한 수들에서 한층 존재하는 것들과 생겨나는 것들과의 유사점이 있다고 여겼다. 그 때문에 수의 이러한 속성은 올바름이나 알맞은 정도이며 저러한 속성은 영혼과 이성으로, 그 외의 모든 사물 하나하나가 그처럼 수의 어떤 속성이라고 이해했다. 더욱이 음계의 속성이나 비율도 수로 나타나

는 것으로 보았다. 요컨대 이처럼 다른 모든 사물은 그 본성이 각각 수를 모방하여 흉내 낸 것처럼 만들어진 것이기 때문에 각각의 수들이 모든 사물에 있어 으뜸가는 것이라고 생각하였고, 그 결과 이들은 수의 구성 요소를 모든 존재의 구성 요소라고 보고 우주전체를 음계(조화)이며 수라고 생각했다.(아리스토텔레스, 『형이상학(Metaphysica)』, 제1권 제5장)

② 피타고라스 학파도 한 종류의 수, 즉 수학적 수만을 인정했는데, 단 이들은 수와 분리돼 존재하는 것은 없으며 수학적 수로부터 감각되는 실체들이 구성된다고 말한다. 다시 말해 이들은 온 우주를 많은 수로부터 만들어 올리는데, 그 수라는 것은 단위들로 이루어진 수가 아니고 오히려 그 단위들이 크기를 가진다고 해석한다. 그러나 어떻게 해서 으뜸 1이 크기를 갖도록 구성된다는 것인지 그들도 당혹스러워한 것 같다.(아리스토텔레스, 『형이상학』, 제13권 제6장)

③ 만물의 시작은 1이다. 이 1로부터 부정(不定)의 2가 나오는데 이 부정의 2는 원인인 1에서 취하였으므로 마치 질료인 것처럼 그 기본물체가 된다. 1과 부정의 2로부터 수가 만들어지고 수로부터는 점이 점으로부터는 선이 선으로부터는 평면이 평면으로부터는 입체가 입체로부터는 감각되는 물체가 만들어진다. 그리고 감각되는 물체들의 구성 요소는 불, 물, 흙, 공기의 네 개이다. 또한 이들 구성 요소는 서로 전환하여 완전히 다른 것으로 바뀔 수 있다. 즉, 이러한 구성 요소

로부터 우주를 만들 수 있는데 이 우주는 생명(혼)을 갖고 지적이고 둥근 것이며 지구를 중심으로 하여 둘러싸고 있는 것이다. 마찬가지로 지구 자체도 둥근 것으로 그 도처에 사람이 사는 것이다.(디오게네스 라에르티오스, 『그리스 수학자 열전』, 제8권 제1장 피타고라스편 19절)

우주의 기본법칙을 찾는 연구는 지금부터 400년경 전에 케플러(Johannes Kepler, 1571~1630)에서 꽃피었습니다. 케플러가 세 가지 기본법칙(타원 궤도의 법칙, 넓이 속도 일정 법칙, 공전주기의 제곱과 평균 반지름의 세제곱의 비례 법칙)을 발견한 것인데, 그의 동기는 '만물은 수' 라는 피타고라스의 생각이었습니다. 케플러는 1596년에 출판한 『우주의 신비(Mysterium Cosmographicum)』의 서문에 다음처럼 서술하고 있습니다.

우주라는 것은 무엇일까?
신은 창조의 어떠한 원인과 법칙을 가지고 있는 것일까?
신은 어디서부터 수를 가져온 것일까?
광대한 천체에는 어떠한 규준이 있는 것일까?
어째서 공전궤도는 여섯 개일까?
저 궤도에 간격이 얼마나 벌어져 있는 걸까?

목성과 화성은 제1의 궤도를 그리지도 않으면서
어찌하여 그처럼 크며
두 행성의 사이가 이토록 조화로운 걸까?
그런데 피타고라스는 이 모든 비밀을
다섯 개의 입체 도형을 가지고 당신에게 가르쳐 준다.
말할 것도 없이 그는
우리들의 윤회, 환생을 몸소 실례가 되어 보여 주었다.
진실로 코페르니쿠스라는 이름의
우주에서 한층 뛰어났던 관찰자가
2천 년에 이르는 과오를 겪으며 낳았던 사실일지언정
그 진상을 말해 보자.
모쪼록 지금 여기에서 발견된 수확을
도토리처럼 하잘것없는 것인 양 가벼이 여겨
버리고 가지 않기를.

이 책은 당시 발견되었던 태양계 행성의 수가 여섯 개인 이유를 정다면체가 다섯 개밖에 없다는 사실(유클리드 『기하학 원론』의 마지막 정리)로부터 설명합니다. 각 행성의 공전 궤도에 다음처럼 정다면체를 내접 · 외접시켜 가면 잘 맞아떨어진다는 것입니다.

토성 ⊃ 정육면체 ⊃ 목성 ⊃ 정사면체 ⊃ 화성 ⊃ 정십이면체 ⊃ 지구 ⊃ 정이십면체 ⊃ 금성 ⊃ 정팔면체 ⊃ 수성

멋진 착상이지 않습니까? 물론 토성 너머로 천왕성, 해왕성, 명왕성 — 명왕성은 2006년 국제천문연맹으로부터 행성의 지위를 박탈당했지만 — 이라는 세 개의 행성이 발견된 지금에 와서 이러한 설명을 적용할 순 없습니다. 케플러 자신도 관측 결과와 어느 정도 들어맞기는 하지만 딱 맞는다고 말할 수는 없다는 것을 인정했습니다. 어쨌든 케플러에 있어서 수학적 아름다움을 발견하는 것은 최고의 즐거움이었습니다.

훗날 케플러는 태양계의 행성들은 각각의 궤도를 움직일 때 음악을 연주한다고(궤도의 안에서는 각속도가 빠른 만큼 더 높은 소리로) 하면서 다음과 같은 멜로디를 써 놓았습니다.

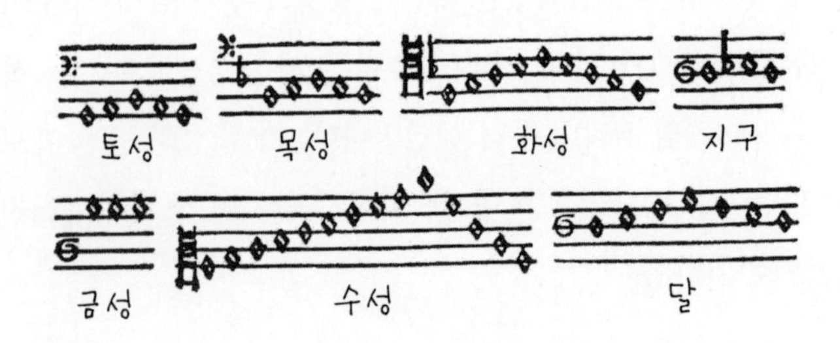

이 음계는 케플러가 오랜 세월에 걸쳐 노력한 계산의 집대성이라 불리는 『세계의 조화(Harmonies Mundi, 1619)』에 발표되었습니다. 케플러의 세 법칙이 통합돼 있는 것이 이 책입니다. 각 행성의 음악은 어떻게 느낄 수 있을까요? 우리에게 케플러는 천문학자 또는 물리학자처럼 여겨지고 있지만, 정작 직업은 '궁정 수학자(Imperial Mathematician)' 였고 본인의 자각부터가 흔들리지 않는 수학자였습니다. 케플러에게서 피타고라스가 생각했던 네 분야를 종합했던 수학의 의미가 멋지게 통일되어 되살아난 것입니다.

소수

피타고라스의 '만물은 수' 라는 생각에서 보면 수(자연수) 1, 2, 3, …을 곱에 대해 분해하여 끝까지 얻어지는 소수를 연구하는 것이 무엇보다 중요한 일입니다.

피타고라스 학파는 소수를 직선수, 합성수를 평면수(직사각형수, 정사각형수)라고도 불렀다고 합니다. 이러한 이름은 조약돌을 늘어놓을 때, 합성수는

4 6 8 9 10 12

처럼 평면의 도형(직사각형, 정사각형)이 되는데 비해, 소수는

2 3 5 7 11

처럼 직선에 늘어놓을 수밖에 없다는 것으로부터 나왔습니다. 도형과 수를 관계지어 삼각수, 사각수, 오각수 등의 도형수라고 부르는 것들도 연구했습니다.

삼각수 1 3 6 10

사각수 1 4 9 16

오각수 1 5 12 22

그런데 '만물은 수' 라는 생각은 실제로 '몇 개의 조약돌을 늘어놓아야 사물의 형태를 만들 수 있을까?' 라는 소박한 의

문에서 기인한 것 같기도 합니다. 그것은 아리스토텔레스가 피타고라스 학파의 에우리토스에 대해 다음처럼 기술한 것으로부터도 알 수 있습니다. “에우리토스가 어떤 수는 어떤 사물의 수 — 예를 들어 이 수는 인간의 수, 다른 수는 말의 수 — 라고 정해놓으면서 마치 사람이 삼각형이나 사각형에 수를 붙이는 것처럼 각각의 생물 — 인간이거나 말이거나 — 의 윤곽을 흉내 냈을 뿐인 몇 개의 조약돌을 사용하여 그 조약돌의 수에 의해 그 각각의 수를 정하였다.”(아리스토텔레스, 『형이상학』, 제14권 제5장)

그런데 소수라는 것은 정확하게 1 이외의 자연수 2, 3, 4, … 중에서 약수가 1과 자기 자신밖에 없는 것입니다. 예를 들어 100 이하의 소수는

2, 3, 5, 7, 11, 13, 17, 19, 23, 29, 31, 37, 41,
43, 47, 53, 59, 61, 71, 73, 79, 83, 89, 97

의 25개입니다. 그 뒤는 어떻게 되는 것일까? ‘소수를 전부 구하고 싶다!’ 그것이 ‘소수 해명의 꿈’ 입니다. 과연 전체 소수표는 완성할 수 있는 것일까요? 천천히 생각해 보기로 합시다.

물질의 경우 원자(혹은 소립자)에 해당하는 것입니다. 원자

는 보통의 상태에서는 그 이상 분해할 수 없는 것이며, 분자는 모두 원자가 결합한 것입니다.

	"분해되지 않는 것" ("순수한 것")		일반적인 것	
물질	원자	H (수소) O (산소) Si (규소)	분자	H_2O (물) O_2 (산소) O_3 (오존) SiO_2 (수정) SiH_2O_3 (규산)
수	소수	3 37 313	자연수	$3^2 \cdot 37 = 333$ $37^2 = 1369$ $37^3 = 50653$ $313 \cdot 37^2 = 428497$ $313 \cdot 3^2 \cdot 37^3 = 142689501$

소수의 경우도 거의 똑같습니다. 자연수는 소수들의 곱으로 쓸 수 있고 더욱이 쓰는 방법은 소수의 순서를 제외하면 딱 하나뿐입니다. 단, 1은 0개의 소수의 곱으로 쓸 수 있다고 생각합니다. 예를 들어 12일 경우

$$12=2\times2\times3=2\times3\times2=3\times2\times2$$

처럼 세 가지의 쓰는 방법이 있는데, 순서를 제외하면 한 가지입니다.

이는 '인수 분해와 그 유일성'이라고 부르는 수론에서 가장 근본적으로 중요한 사실로서 결코 당연한 것이 아닙니다.

본래 소수는 '그 이상 분해할 수 없는 것'으로 결정되는 것이지만 자연수를 소수로 분해할 수 있을까 하는 문제의 답은 알지 못합니다. 따라서 우선 자연수를 소수의 곱으로 분해할 수 있다는 것, 그다음에는 그 분해가 순서를 제외하면 하나뿐이라는 것도 증명할 필요가 있습니다. 여기에서는 소인수 분해할 수 있다는 것을 증명할 텐데, 분해가 하나뿐이라는 것은 부록 1로 돌립시다.

[증명 : 자연수를 소인수 분해할 수 있다]

1이 아닌 자연수 n을 생각하자. n이 소수라면 그것으로 됐다. n이 소수가 아니라면 1과 n 이외의 약수를 갖는다. 그 약수 중에서 가장 작은 것을 p라 하자. 이 p는 소수이다. 만일 p가 소수가 아니라면 p는 1과 p 이외의 약수를 갖는데, 그 수는 n의 약수로 p보다 작은 것이 되어 버리므로 p의 선택에 모순이기 때문이다. 따라서 p는 소수이고, $n=pm$이라고 쓰면 m은 n보다 작은 자연수이다. 이번에는 m에 대해 같은 일을 행한다. 이를 반복하면 된다. **(증명 끝)**

이것은 자연수 n을 소인수 분해하기로 생각하면 바로 생각이 떠오르는 증명법입니다. 이는 소인수 분해의 방법을 보여

주고 있습니다. 애초부터 n이 소수라면 이미 분해된 것이고, n이 소수가 아닐 경우 1이 아닌 최소의 약수 p를 취하면 이 수가 소인수입니다. 그 뒤에는 $\frac{n}{p}$에 같은 조작을 행해 이를 반복하면 언젠가는 n의 소인수 분해에 이릅니다. 보통은 이 증명으로 충분한데, 마지막 문장 '이를 반복하면 된다' 가 찜찜한 사람이 있을지도 모르겠습니다. 그런 사람은 수학적 귀납법을 쓰면 후련하게 해결됩니다.

'수학적 귀납법' 은 간단히 귀납법이라고도 부르는데, 어떤 성질의 열 $P(1)$, $P(2)$, $P(3)$, $\cdots$가 성립하는 것을 증명할 때

① $P(1)$이 성립한다.
② $n \geq 1$일 때, $P(n)$이 성립한다고 가정하면 $P(n+1)$도 성립한다.

는 두 가지를 보이면 충분하다는 논법입니다. 실제로

$$P(1)\text{이 성립} \underset{②,\ n=1}{\overset{①}{\Longrightarrow}} P(2)\text{가 성립} \underset{②,\ n=2}{\Longrightarrow} P(3)\text{이 성립} \Longrightarrow \cdots$$

처럼 하나씩 무너뜨리면 모든 $P(n)(n=1, 2, 3, \cdots)$이 성립하는 것을 알 수 있습니다. 장기짝이나 도미노처럼 우두두 쓰러져 가는 것입니다.

물론 $P(n)(n=2, 3, 4, \cdots)$를 생각한 경우라면

① $P(2)$가 성립한다.

② $n \geq 2$일 때, $P(n)$이 성립한다고 가정하면 $P(n+1)$도 성립한다.

를 보여도 괜찮습니다. 또한 $P(n)(n=1, 2, 3, \cdots)$이 성립함을 증명하기 위해 표현을 약간 바꾸어

① $P(1)$이 성립한다.

② $P(1), P(2), \cdots, P(n)$이 성립한다고 가정하면 $P(n+1)$도 성립한다.

이 두 가지를 보여 줘도

$$P(1)\text{이 성립} \underset{②,\ n=1}{\overset{①}{\Longrightarrow}} P(1), P(2)\text{가 성립} \underset{②,\ n=2}{\Longrightarrow} P(1), P(2), P(3)\text{이 성립} \Longrightarrow \cdots$$

이 되므로 괜찮습니다. 이것도 수학적 귀납법이라 부릅니다.

예 $1+2+\cdots+n=\frac{n(n+1)}{2}$의 수학적 귀납법에 의한 증명

등식을 $P(n)$이라 놓는다.

① $n=1$일 때는 $P(1)$은 $1=1$이 되어 성립한다.
② $n\geq 1$일 때

$$P(n):1+2+\cdots+n=\frac{n(n+1)}{2}$$

이 성립한다고 하면

$$\begin{aligned}1+2+\cdots+n+(n+1)&=\frac{n(n+1)}{2}+n+1\\&=\frac{(n+1)(n+2)}{2}\end{aligned}$$

이 되어 $P(n+1)$이 성립한다.
따라서 모든 $P(n)$이 성립한다. **(증명 끝)**

가우스(Johann Carl Friedrich Gauss, 1777~1855)는 초등학교 때

$$1+2+3+4+5+\cdots+100$$

의 답을 5050이라고 척척 대답했다는 에피소드가 있는데, 예는 그것의 일반적인 공식입니다. 가우스가 생각하기에

$$\begin{aligned}&(1+2+\cdots+99+100)+(100+99+\cdots+2+1)\\&=(1+100)+(2+99)+\cdots+(99+2)+(100+1)\\&=101\times100\end{aligned}$$

이므로, 그 절반을 말했던 것입니다. 피타고라스 학파의 도형수의 개념에 의하면

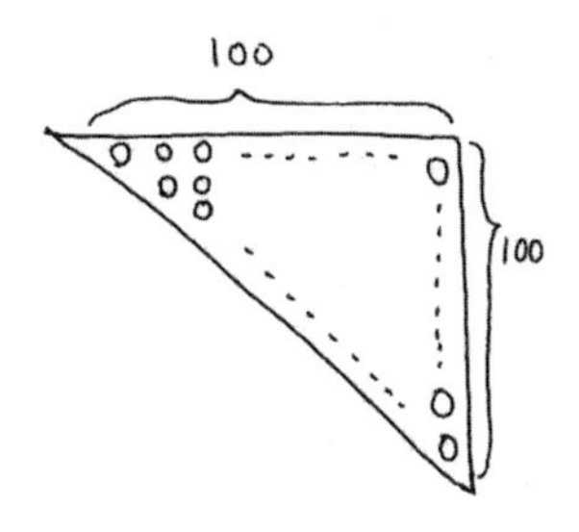

을 두 개 준비하여

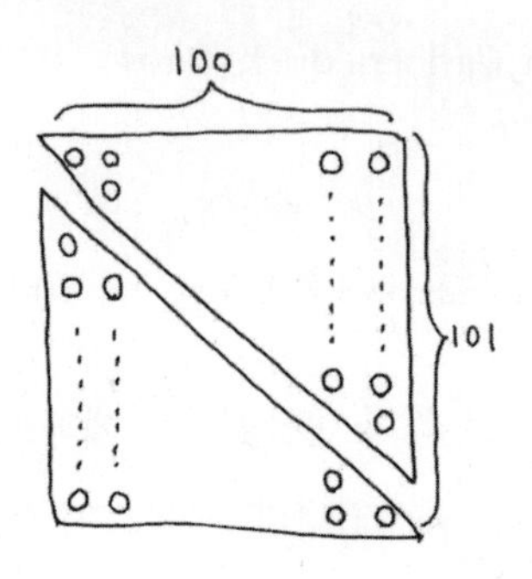

처럼 하면 직사각형이 나오는데, 구하는 답은 $100\times101\div2=5050$임을 알 수 있습니다(일반적인 n도 완전히 똑같습니다).

[수학적 귀납법에 의한 증명 : 자연수를 소인수 분해할 수 있다]

$P(n)$을 'n을 소인수 분해할 수 있는 성질'이라 둔다.

① $P(1)$은 분명히 성립한다($P(1)$이 찜찜한 사람은 $P(2)$부터 시작해도 상관없다).

② $P(1)$, $P(2)$, …, $P(n)$이 성립한다고 하면 $P(n+1)$도 성립한다

는 것 — 즉, 1, 2, …, n을 소인수 분해할 수 있으면 $n+1$도 소인수 분해할 수 있다는 것 — 을 보인다. 먼저 $n+1$이 소수라면 $P(n+1)$이 성립한다. 다음으로 $n+1$이 소수가 아니

라면 $n+1$의 약수 m 중 $1<m<n+1$이 되는 것을 고르자. 그러면 m과 $\frac{n+1}{m}$은 둘 다 n 이하의 자연수이므로 가정에서 $P(m)$, $P\left(\frac{n+1}{m}\right)$이 성립한다. 다시 말하면 m과 $\frac{n+1}{m}$은 소인수 분해할 수 있다. 그 결과

$$n+1=m\cdot\frac{n+1}{m}$$

도 소인수 분해할 수 있으므로 $P(n+1)$이 성립한다. ①, ② 로부터 모든 자연수는 소인수 분해할 수 있다. **(증명 끝)**

더욱 특이한 증명법으로 '귀류법'이 있습니다. 귀류법은 어떤 성질 P를 보이고 싶을 때, 'P가 성립하지 않는다'라고 가정하고 이야기를 전개하여 모순 – 즉 말이 안 되는 것 – 이 나오면 그 'P가 성립하지 않는다'라는 가정이 엉터리인 것이므로 P는 성립한다는 논법입니다. 이 증명은 아주 강력해서 그 이외의 방법이 찾아지지 않는 경우도 종종 있습니다. 단, 'P가 성립하지 않는다'라고 가정한 뒤의 이야기 전개가 논리적이어야만 하는 것은 당연합니다. 그 논리가 그르다면 모순이 나와도 증명했다고 할 수 없습니다.

유명한 '페르마(Fermat)의 마지막 정리(사실 증명하지 못했으므로 가설에 불과하지만, 증명했다는 그의 견해를 존중하여 붙인 이름)'

p가 3 이상의 소수이면

$$a^p+b^p=c^p$$

인 자연수 a, b, c는 없다.

는 1637년경에 나온 것으로 350년 넘게 수학자들의 도전을 물리쳐 왔는데, 1995년 와일즈(Wiles) 교수가 최종적으로 증명하여 해결하였습니다. $p=2$인 경우는 피타고라스의 정리에서 $3^2+4^2=5^2$ 등이 있으므로, p는 3 이상이어야 합니다. 이 마지막 정리의 증명은 제타 통일의 응용 중 하나로 제3장에서 소개할 것인데, 귀류법으로 증명합니다. 즉, $a^p+b^p=c^p$인 a, b, c가 존재한다고 가정하면 모순이 나온다는 것을 보일 것입니다. 와일즈는 2차의 제타를 생각하여 모순을 이끌어 내서 증명에 성공했는데, 그때까지 모순을 이끌어 내려는 시도는 모두 실패로 끝났고 그중에는 모순이 나왔다는 그 이론이 완전히 틀린 적도 적지 않게 있었습니다. 귀류법을 사용할 때는 각별히 주의해서 사용해야 합니다.

[귀류법에 의한 증명 : 자연수를 소인수 분해할 수 있다]

이제 소인수 분해할 수 없는 자연수가 있다면 그중 가장 작은 n을 고르자(즉, n보다 작은 자연수는 소인수 분해된다). n이 소수는 아니므로(소수라면 이미 소인수 분해되어 있다!) 1과 n이 아닌 약수 $m(1<m<n)$이 존재한다. 그러면 m과 $\frac{n}{m}$은 둘 다 n보다 작으므로 소인수 분해할 수 있어도

$$n=m\cdot\frac{n}{m}$$

소인수 분해되어 버리므로 모순이 생긴다. 따라서 소인수 분해할 수 없는 자연수는 없다. **(증명 끝)**

소수는 무한개이다

소수가 무한개라는 충격적인 사실을 발견한 사람은 피타고라스라는 이들도 있습니다. 저는 그 결과를 들었을 때 '어떻게 무한개 있다는 것을 알 수 있다는 것일까?' 라고 이래저래 생각해 보았지만 도무지 알 수 없었던 기억이 있습니다. 아직 증명을 들어 본 적이 없는 사람이나 들어 본 사람은 그것을

완전히 잊고 곰곰이 생각해 보십시오.

어쨌든 이 정리는 고대 그리스 수학의 최고 정수입니다. 처음 발견한 사람의 자필 원고가 발견되지 않는 것은 안타깝지만 하는 수 없습니다. 타임머신이라도 타고 보러 갔으면 좋겠습니다. 이 정리의 공식 기록은 피타고라스 정리의 경우처럼 유클리드의 『기하학 원론』입니다. 여기에서 아래에 『기하학 원론』으로부터 몇 개의 명제와 정의를 발췌해 놓았습니다. 지금으로부터 2,300년 전 그리스 시대의 표현을 느껴 보십시오.

유클리드의 『기하학 원론』 ([ ]는 저자 주)

제1권

정의 1. 점은 부분을 갖지 않는 것이다.

정의 2. 선은 폭이 없고 길이만 있다.

정의 3. 선의 양끝은 점이다.

명제 47. 직각삼각형에서 직각과 마주보는 변 위에 있는 정사각형의 넓이는 직각을 낀 두 변 위의 정사각형의 넓이의 합과 같다. [피타고라스의 정리]

명제 48. 어떤 삼각형에서 한 변 위의 정사각형 넓이가 남은 두 변 위의 정사각형 넓이의 합과 같으면, 삼각형의

나머지 두 변 사이의 각은 직각이다. [피타고라스의 정리의 역]

제7권

정의 12. 소수는 단위(1)로밖에 나눌 수 없는 수이다.

명제 32. 모든 수는 소수이거나 또는 몇 개의 소수로 나눠진다. [소인수 분해]

제9권

명제 20. 소수의 개수는 이미 알려진 소수의 개수보다 많다. [소수는 무한개!]

제12권

명제 10. 임의의 원뿔은 그것과 같은 밑면을 갖고 높이가 같은 원기둥의 부피의 $\frac{1}{3}$이다. [원뿔의 부피 공식]

[증명 : 소수는 무한개이다]

[귀류법에 의한 증명] 소수가 유한개 $p_1, p_2, \cdots, p_n$ 밖에 없다고 하자. 이때 $p_1 \times \cdots \times p_n + 1$의 소인수 분해를 생각하면 소수 $p_1, p_2, \cdots, p_n$의 어느 것으로 나누어도 1이 남아버리므로, 어떤 소수로도 나눠 떨어지지 않는다. 이는 모순이다. 따라서 소수는 무한개이다. **(증명 끝)**

[직접 증명법] 소수가 몇 개든 좋으니 일단 주어졌다고 하자. 그를 $p_1, p_2, \cdots, p_n$이라 하자. 이때 $p_1, p_2, \cdots, p_n$ 이외의 소수가 존재하는 것을 보여 주면(뒤집어 말해) 소수가 무한개라는 것을 알 수 있다. 이 새로운 소수는 $p_1 \times \cdots \times p_n + 1$의 최소의 소인수를 취하면 된다. **(증명 끝)**

> **예** 직접 증명법으로부터 2부터 시작하여 소수를 만들면
>
> $2 \rightarrow 3 \rightarrow 7 \rightarrow 43 \rightarrow 13 \rightarrow 53 \rightarrow 5 \rightarrow \cdots$
>
> 처럼 무한개의 소수가 나옵니다. 여기에서 모든 소수가 나오는가 하는 것은 커다란 미해결 문제입니다.

귀류법이나 직접 증명법이나 증명하고자 하는 바는 같은 것으로 소인수 분해할 수 있다는 것이 중요합니다. 그런데 직접 증명법이 보다 건설적(구성적)입니다. 『기하학 원론』 제9권 명제 20의 증명도 – 명제의 표현으로부터도 알 수 있겠지만 – 직접 증명법입니다. 더욱이 직접 증명법의 마지막 부분에서 '최소의 소인수' 대신 '1이 아닌 최소의 약수'라고 하면 소인수 분해를 직접 사용하지 않고도 증명할 수 있습니다. 이 약수는 소인수 분해의 첫 번째 증명에서 본 대로 결국 소수가

되기 때문입니다.

> **예** 직접 증명법을 사용하면, $p_1=2$, $p_2=3$, $p_3=5$, …처럼 소수를 작은 것부터 번호를 붙여 늘어놓을 때
>
> $$p_n \leq 2^{2^{n-1}}$$
>
> 임을 보일 수 있습니다.

[증명] n에 대해 수학적 귀납법을 사용한다. $n=1$일 때는 $p_1=2$이므로 성립한다. 다음으로 p_1, p_2, …, p_n에 대해 부등식이 성립한다고 가정하면, 직접 증명법으로부터

$$\begin{aligned} p_{n+1} &\leq p_1 \times \cdots \times p_n + 1 \\ &\leq 2^{1+2+\cdots+2^{n-1}} + 1 \\ &= 2^{2^n-1} + 1 \\ &\leq 2^{2^n} \end{aligned}$$

이 되어 p_{n+1}에 대해서도 성립한다. 따라서 모든 p_n에 대해서 성립한다. **(증명 끝)**

이처럼 평가할 수 있는 것도 귀류법에는 없는 구성적 방법의 좋은 점입니다.

아무튼 이처럼 소수가 무한개라는 것을 알아 버린 이상 소수를 다 쓰는 것은 곤란합니다! 어떻게든 전부 찾아내어 써 본다면 좋지 않을까요? 저는 '전체 소수표'를 『수학 세미나』 1996년 1월호의 별책 부록인 『수학 세미나 2096년 1월호』의 26쪽에서 본 적이 있습니다. 연재의 마지막 호였는데, 전체 소수표의 마지막 부분

97 89 83 ......

...... 5 3 2

밖에 보이지 않았습니다. 소수를 큰 것부터 써 왔다는(써내려 왔다는?) 것인데, 지금 수학의 수준으로는 어떠한 것인지 추측조차 할 수 없습니다. 분명히 제1호를 만들 때는 엄청난 작업이었을 것입니다.

곁가지 이야기지만 21세기에 수학에서 어떠한 일이 일어

날 것인가에 대해서는 『수학 세미나 2096년 1월호』의 내용과 거기에 곁들여 있는 21세기 연표를 참고하면 될지도 모르겠습니다. 예를 들어 '전체 소수표'는 2077년에 '수학 박물관'이 완성되어 천정(天頂)에 걸려 있는 모양입니다. 단, 거기에 있는 '별의 저편'이라는 기자의 「리만의 제타 함수 연구」는 이제부터 말씀드릴 내용과 깊은 관련이 있습니다.

오일러의 등장

소수가 무한개라는 것은 그리스 시대부터 알려져 있었는데 그 이상 상세한 것은 2,000년 이상이 지나도록 거의 알려지지 않았습니다. 그 긴 암흑시대를 돌파하여 소수 연구에 획기적인 진보를 가져온 이가 오일러(Leonhard Euler, 1707~1783)입니다. 그가 정확히 30세 때인 1737년이었습니다. 오일러는 그의 논문을 모은 전집이 90권을 넘어 아직 완결되지 않을 정도로 다량의 논문을 썼던 대수학자입니다.

1737년 오일러는 소수의 역수의 합

$$\frac{1}{2}+\frac{1}{3}+\frac{1}{5}+\frac{1}{7}+\frac{1}{11}+\frac{1}{13}+\frac{1}{17}+\cdots$$

이 무한대라는 것을 발견했습니다. 소수의 역수를 더해 가면 어떤 수보다도 커진다는 것입니다. 만약 소수가 유한개밖에 없다면 그 역수의 합은 당연히 유한(더욱이 유리수)이므로 역수의 합이 무한대라는 것으로부터 소수가 무한개라는 것을 간단히 알 수 있습니다.

여기서 역수의 합이 무한대라는 것을 몇 개의 예를 들어 생각해 봅시다. 아래 표에서 ∞는 '무한' 또는 '무한대'를 나타내는 기호입니다. 이 표를 보면 어떤 종류의 자연수가 무한개 있어도 그 역수의 합이 꼭 무한대인 것은 아님을 알 수 있습니다.

	개수	역수의 합
자연수 전체	∞	∞
소수 전체	∞	∞
제곱수 전체	∞	유한으로 $\frac{\pi^2}{6}$
세제곱수 전체	∞	유한 (부록 3을 참고)
네제곱수 전체	∞	유한으로 $\frac{\pi^4}{90}$
쌍둥이 소수	아마 ∞	유한으로 1.9021...

제곱수 우선 제곱수 전체부터 봅시다. 제곱수는

$$1=1^2,\ 4=2^2,\ 9=3^2,\ 16=4^2,\ 25=5^2,\ \cdots$$

과 같은 수입니다. 물론 제곱수는 무한개 있는데, 그 역수의 합

$$1+\frac{1}{4}+\frac{1}{9}+\frac{1}{16}+\frac{1}{25}+\cdots$$

은 유한으로 더구나 2 이하라는 것을 다음처럼 알 수 있습니다. 즉, $m=2, 3, \cdots$ 일 때

$$\begin{aligned}
&1+\frac{1}{4}+\frac{1}{9}+\cdots+\frac{1}{m^2}\\
&<1+\frac{1}{1\cdot 2}+\frac{1}{2\cdot 3}+\cdots+\frac{1}{(m-1)m}\\
&=1+\left(1-\frac{1}{2}\right)+\left(\frac{1}{2}-\frac{1}{3}\right)+\cdots+\left(\frac{1}{m-1}-\frac{1}{m}\right)\\
&=1+1-\cancel{\frac{1}{2}}+\cancel{\frac{1}{2}}-\cancel{\frac{1}{3}}+\cancel{\frac{1}{3}}-\cancel{\frac{1}{4}}+\cancel{\frac{1}{4}}-\cdots\\
&\quad-\cancel{\frac{1}{m-1}}+\cancel{\frac{1}{m-1}}-\frac{1}{m}\\
&=2-\frac{1}{m}
\end{aligned}$$

이므로 언제까지 더해도 2 이하입니다.

$$1+\frac{1}{4}+\frac{1}{9}+\frac{1}{16}+\frac{1}{25}+\cdots$$

의 참값이

$$\frac{\pi^2}{6}=1.6449340668482264364\cdots$$

이라는 것($\pi=3.1415\cdots$는 원주율)은 오일러가 고투 끝에 1735년에 발견하여 제타 연구의 길잡이가 된 것인데, 그 이야기는 뒤로 돌립시다.

세제곱수 · 네제곱수 다음으로 세제곱수

$$1=1^3,\ 8=2^3,\ 27=3^3,\ 64=4^3,\ \cdots$$

와 네제곱수

$$1=1^4,\ 16=2^4,\ 81=3^4,\ 256=4^4,\ \cdots$$

의 경우도 무한개인 것은 당연한데, $m^2 \leq m^3 \leq m^4$이므로

$$\begin{aligned}1+\frac{1}{16}+\frac{1}{81}+\frac{1}{256}+\cdots &\leq 1+\frac{1}{8}+\frac{1}{27}+\frac{1}{64}+\cdots\\ &\leq 1+\frac{1}{4}+\frac{1}{9}+\frac{1}{16}+\cdots\\ &\leq 2\end{aligned}$$

입니다. 세제곱수의 역수의 합 공식은 오일러가 1772년에 내놓았습니다(부록 3에 나오는 $\zeta(3)$ 입니다). 네제곱수의 역수의 합의 정확한 값 역시 오일러가 1735년에 $\frac{\pi^4}{90}$ 이라고 구했습니다.

자연수의 역수의 합이 무한대라는 것(오렘(Oresme), 1350년경)

자연수의 역수의 합

$$1+\frac{1}{2}+\frac{1}{3}+\frac{1}{4}+\frac{1}{5}+\frac{1}{6}+\frac{1}{7}+\cdots$$

은 무한대입니다. 이는 얼마든지 커진다는 것을 증명해야 알 수 있습니다. 실제로 더해 보아도

$$1+\frac{1}{2}=1.5$$

$$1+\frac{1}{2}+\frac{1}{3}=1.883\cdots$$

$$1+\frac{1}{2}+\frac{1}{3}+\frac{1}{4}=2.083\cdots$$

$$1+\frac{1}{2}+\frac{1}{3}+\frac{1}{4}+\frac{1}{5}=2.283\cdots$$

으로 좀처럼 무한대에 가까워질 것 같지는 않아 보입니다(어지간히 천천히도 커지는 것입니다). 다음처럼 멋진 방법으로 증명할 수 있습니다.

$$1+\frac{1}{2}+\frac{1}{3}+\frac{1}{4}+\frac{1}{5}+\frac{1}{6}+\frac{1}{7}+\frac{1}{8}+\frac{1}{9}$$

$$+\frac{1}{10}+\frac{1}{11}+\frac{1}{12}+\frac{1}{13}+\frac{1}{14}+\frac{1}{15}+\frac{1}{16}+\cdots$$

$$=1+\frac{1}{2}+\left(\frac{1}{3}+\frac{1}{4}\right)+\left(\frac{1}{5}+\frac{1}{6}+\frac{1}{7}+\frac{1}{8}\right)$$

$$+\left(\frac{1}{9}+\frac{1}{10}+\frac{1}{11}+\frac{1}{12}+\frac{1}{13}+\frac{1}{14}+\frac{1}{15}+\frac{1}{16}\right)+\cdots$$

$$\geq 1+\frac{1}{2}+\underbrace{\left(\frac{1}{4}+\frac{1}{4}\right)}_{2\text{개}}+\underbrace{\left(\frac{1}{8}+\frac{1}{8}+\frac{1}{8}+\frac{1}{8}\right)}_{4\text{개}}$$

$$+\underbrace{\left(\frac{1}{16}+\frac{1}{16}+\frac{1}{16}+\frac{1}{16}+\frac{1}{16}+\frac{1}{16}+\frac{1}{16}+\frac{1}{16}\right)}_{8\text{개}}$$

$$=1+\frac{1}{2}+\frac{1}{2}+\frac{1}{2}+\frac{1}{2}+\cdots$$

$$=\infty$$

마지막 식은 $\frac{1}{2}$이 무한개 나오기 때문에 무한대라는 것을 알 수 있습니다.

이 증명의 방식으로부터 $m=2, 3, \cdots$일 때

$$\begin{aligned}
&1+\frac{1}{2}+\frac{1}{3}+\cdots+\frac{1}{2^m}\\
&=1+\frac{1}{2}+\left(\frac{1}{3}+\frac{1}{4}\right)+\cdots+\left(\frac{1}{2^{m-1}+1}+\cdots+\frac{1}{2^m}\right)\\
&\geq 1+\frac{1}{2}+\left(\frac{1}{4}+\frac{1}{4}\right)+\cdots+\left(\frac{1}{2^m}+\cdots+\frac{1}{2^m}\right)\\
&=1+\frac{1}{2}+\frac{1}{2}+\cdots+\frac{1}{2}\\
&=1+\frac{m}{2}
\end{aligned}$$

이고, 거꾸로 위에서 막으면

$$\begin{aligned}
&1+\frac{1}{2}+\frac{1}{3}+\cdots+\frac{1}{2^m}\\
&=1+\left(\frac{1}{2}+\frac{1}{3}\right)+\left(\frac{1}{4}+\frac{1}{5}+\frac{1}{6}+\frac{1}{7}\right)\\
&\quad+\cdots+\left(\frac{1}{2^{m-1}}+\cdots+\frac{1}{2^m-1}\right)+\frac{1}{2^m}\\
&\leq 1+\left(\frac{1}{2}+\frac{1}{2}\right)+\left(\frac{1}{4}+\frac{1}{4}+\frac{1}{4}+\frac{1}{4}\right)\\
&\quad+\cdots+\left(\frac{1}{2^{m-1}}+\cdots+\frac{1}{2^{m-1}}\right)+\frac{1}{2^m}
\end{aligned}$$

$$=1+1+1+\cdots+1+\frac{1}{2^m}$$

$$=1+(m-1)+\frac{1}{2^m}$$

$$<1+m$$

입니다. 즉,

$$1+\frac{m}{2}\leq 1+\frac{1}{2}+\frac{1}{3}+\cdots+\frac{1}{2^m}\leq 1+m$$

이 됩니다. 그러므로 $1+\frac{1}{2}+\frac{1}{3}+\cdots$은 아주 천천히 무한대로 간다는 것을 알 수 있습니다.

소수의 역수의 합이 무한대라는 것은 실은 자연수의 역수의 합이 무한대라는 것과 결부돼 있는데, 이를 간파하는 데는 오일러의 안목이 필요했습니다. 아래에서 그 사실을 살펴봅시다.

오일러의 시작

오일러는 1737년에 등식

$$\frac{1}{1-\frac{1}{2}} \times \frac{1}{1-\frac{1}{3}} \times \frac{1}{1-\frac{1}{5}} \times \frac{1}{1-\frac{1}{7}} \times \frac{1}{1-\frac{1}{11}} \times \cdots$$

$$=1+\frac{1}{2}+\frac{1}{3}+\frac{1}{4}+\frac{1}{5}+\frac{1}{6}+\frac{1}{7}$$

$$+\frac{1}{8}+\frac{1}{9}+\frac{1}{10}+\frac{1}{11}+\frac{1}{12}+\cdots$$

을 발견했습니다.

이 왼쪽 변은 소수 2, 3, 5, …… 에 관계된 곱이고 오른쪽 변은 자연수 1, 2, 3, …… 에 관계된 합인데, 이 등식은

소수 전체에 관계된 곱	=	자연수 전체에 관계된 합

이라는 모습을 하고 있습니다. 잘 보며 음미해 주십시오. 이 식에 도달하기까지 고대 그리스 이래 2,000년의 시간이 흘렀습니다. 소수에 관계된 이 곱은 '소수를 하나로 정리한 것'으로 '오일러 곱'이라고 부르는데, 이것이 바로 '제타'의 시작입니다.

아무튼 소수 전체와 자연수 전체 사이의 등식을 봅시다.

$$\frac{1}{1-x}=1+x+x^2+x^3+\cdots$$

이라는 등식에 $x=\frac{1}{2}, \frac{1}{3}, \frac{1}{5}, \frac{1}{7}, \frac{1}{11}, \cdots$을 대입한 것을 이용하여

$$\frac{1}{1-\frac{1}{2}} \times \frac{1}{1-\frac{1}{3}} \times \frac{1}{1-\frac{1}{5}} \times \frac{1}{1-\frac{1}{7}} \times \frac{1}{1-\frac{1}{11}} \times \cdots$$

$$=\left(1+\frac{1}{2}+\frac{1}{4}+\frac{1}{8}+\cdots\right)\times\left(1+\frac{1}{3}+\frac{1}{9}+\frac{1}{27}+\cdots\right)$$

$$\times\left(1+\frac{1}{5}+\frac{1}{25}+\cdots\right)\times\left(1+\frac{1}{7}+\frac{1}{49}+\cdots\right)$$

$$\times\left(1+\frac{1}{11}+\frac{1}{121}+\cdots\right)\times\cdots$$

의 식이 나온 것입니다. 여기서 괄호를 떼어 내 전개하면

$$1+\frac{1}{2}+\frac{1}{3}+\frac{1}{4}+\frac{1}{5}+\frac{1}{6}$$

$$+\frac{1}{7}+\frac{1}{8}+\frac{1}{9}+\frac{1}{10}+\frac{1}{11}+\frac{1}{12}+\cdots$$

이 얻어진다는 것입니다. 우선 각 괄호의 첫 항을 꺼낸 것만 계산합니다. 다음에는 처음의 괄호에서만 두 번째 항을 꺼내고 그 이외의 괄호에서는 첫 항을 꺼내 계산합니다. 그렇게 하여

$1=1\times1\times1\times1\times1\times\cdots$, $\frac{1}{2}=\frac{1}{2}\times1\times1\times1\times1\times\cdots$,

$$\frac{1}{3}=1\times\frac{1}{3}\times1\times1\times1\times\cdots,\ \frac{1}{4}=\frac{1}{4}\times1\times1\times1\times1\times\cdots,$$

$$\frac{1}{5}=1\times1\times\frac{1}{5}\times1\times1\times\cdots,\ \frac{1}{6}=\frac{1}{2}\times\frac{1}{3}\times1\times1\times1\times\cdots,$$

$$\frac{1}{7}=1\times1\times1\times\frac{1}{7}\times1\times\cdots,\ \frac{1}{8}=\frac{1}{8}\times1\times1\times1\times1\times\cdots,$$

$$\frac{1}{9}=1\times\frac{1}{9}\times1\times1\times1\times\cdots,\ \frac{1}{10}=\frac{1}{2}\times1\times\frac{1}{5}\times1\times1\times\cdots,$$

$$\frac{1}{11}=1\times1\times1\times1\times\frac{1}{11}\times\cdots,\ \frac{1}{12}=\frac{1}{4}\times\frac{1}{3}\times1\times1\times1\times\cdots$$

이 되는 것으로부터 알 수 있습니다. 자연수의 소인수 분해 및 유일성이 사용된 것에 주의해 주십시오.

이렇게 하여

$$\frac{1}{1-\frac{1}{2}}\times\frac{1}{1-\frac{1}{3}}\times\frac{1}{1-\frac{1}{5}}\times\frac{1}{1-\frac{1}{7}}\times\frac{1}{1-\frac{1}{11}}\times\cdots$$
$$=\infty$$

인 것을 알게 됐습니다. 이로부터 소수의 역수의 합이 무한대인 것을 유도하기 위해 부등식

$$0<x\leq\frac{1}{2}\text{일 때 }\frac{1}{1-x}\leq10^{x}$$

를 사용하기로 합시다(지수 함수 또는 로그 함수를 사용하여 증명할 수 있습니다. 부록 2를 참고해 주시고 아시는 분은 보지 않고 증명해 보십시오).

이 부등식을 $x=\frac{1}{2}, \frac{1}{3}, \frac{1}{5}, \frac{1}{7}, \frac{1}{11}, \cdots$에 적용하면

$$\infty=\frac{1}{1-\frac{1}{2}}\times\frac{1}{1-\frac{1}{3}}\times\frac{1}{1-\frac{1}{5}}\times\frac{1}{1-\frac{1}{7}}\times\frac{1}{1-\frac{1}{11}}\times\cdots$$

$$\leq 10^{\frac{1}{2}}\times 10^{\frac{1}{3}}\times 10^{\frac{1}{5}}\times 10^{\frac{1}{11}}\times\cdots$$

$$=10^{\frac{1}{2}+\frac{1}{3}+\frac{1}{5}+\frac{1}{7}+\frac{1}{11}+\cdots}$$

이 되는 것을 알 수 있습니다. 그 결과

$$\frac{1}{2}+\frac{1}{3}+\frac{1}{5}+\frac{1}{7}+\frac{1}{11}+\cdots$$

이 무한대이지 않으면 안 된다는 것을 알 수 있습니다. 이것이 1737년에 오일러가 발견했던 사실입니다.

소수 해명을 목표로

소수 해명의 꿈은 '소수를 완전히 알고 싶다!' 라는 바람입

니다. {2, 3, 5, 7, 11, ⋯}이라는 '공간'은 무엇일까 하는 소박하고 알기 쉬운 질문입니다. 이를 위해 여러 가지 것을 생각할 수 있는데 주어진 수 x 이하의 소수의 개수 $\pi(x)$를 구하는 것은 구체적인 목표 중 하나입니다(이 π는 원주율과는 관계가 없는데, 소수 prime의 머리글자 p에 대응하는 그리스 문자를 따서 사용했습니다).

$\pi(x)$의 그래프는 다음 쪽의 그림처럼 계단 모양인데 정확히 소수가 있는 곳에서 점프하고 있습니다. 그러므로 $\pi(x)$를 완전히 구하면 소수도 정확하게 구한 것이 됩니다. $\pi(x)$공식은 있어 보이지 않지만 리만(Georg Friedrich Bernhard Riemann, 1826~1866)은 1859년에 다음의 '소수 공식'을 발견했습니다.

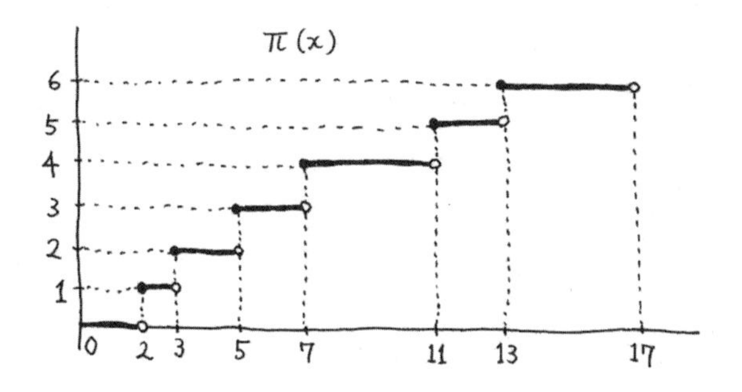

$$\pi(x) = \sum_{m=1}^{\infty} \frac{\mu(m)}{m} \Big(Li(x^{\frac{1}{m}}) - \sum_{\rho} Li(x^{\frac{\rho}{m}}) + \int_{x^{\frac{1}{m}}}^{\infty} \frac{dt}{(t^2-1)t \log t} - \log 2 \Big).$$

내용은 제 2장에서 다루고 싶은데, 여기에서는 어쨌든 정확히 쓸 수 있다는 것만 감상하십시오. 예를 들어 오른쪽 변을 계산해도 $\pi(10)=4$, $\pi(100)=25$ 등이 될 것입니다! 수학계에서는 마치 그림을 감상할 때처럼 수식을 보고만 있어도 즐겁다는 제 친한 친구도 있습니다. 하나만 건드려 보면 ρ(그리스 문자로 '로(rho)'라고 읽습니다)가 '리만 제타 함수의 허근 전체(무한개 있습니다)'를 움직일 때

$$\rho\text{의 실수부 } Re(\rho)\text{는 모두 } \frac{1}{2}\text{이다.}$$

라고 리만이 예상하였습니다. 이것이 현대 수학에서 가장 어려운 문제라고 이야기되고 있는 '리만 가설(Riemann Hypothesis)'입니다. 20세기 수학의 원동력은 이 가설을 푸는 것에 있다고 말할 수 있을 정도인데, 아직까지 미해결입니다. 이처럼 소수

해명의 꿈은 제타 함수의 근, 특히 리만 가설에 깊이 결부되어 있음을 알 수 있습니다.

또한 보통 '소수 정리'라고 불리고 있는 정리는

$$\pi(x) \sim \frac{x}{\log x}$$

라는 것으로, $\pi(x)$의 대강의 크기는 x를 (자연)로그 $\log x$로 나눈 것과 비슷하다(~는 $x \to \infty$일 때 양변의 비가 1에 가깝다. 결국, 양변은 거의 같다는 의미입니다)는 결과입니다. 이는 리만의 소수 공식과 $Re(\rho) < 1$이라는 사실($Re(\rho) = \frac{1}{2}$까지 몰라도 좋습니다)로부터 약 100년 전인 1896년에 아다마르(Hadamard)와 푸생(Poussin) 두 명에 의해 독립적으로 증명됐습니다.

쌍둥이 소수

역수의 합의 표에는 쌍둥이 소수의 역수의 합이 1.9021… 로 유한하다는 것도 쓰여 있습니다. 쌍둥이 소수라는 것은

$$(3, 5), (5, 7), (11, 13), (17, 19), (41, 43), \cdots$$

처럼 2밖에 차이가 안 나는 소수의 쌍을 말합니다. 계산해 보면 자꾸 나오므로 무한 쌍이 있는 것처럼 보이는데, 지금까지도 증명되지 않았습니다. 쌍둥이 소수의 경우에 어려운 것은 소수 전체의 경우와는 달리 역수의 합

$$\left(\frac{1}{3}+\frac{1}{5}\right)+\left(\frac{1}{5}+\frac{1}{7}\right)+\left(\frac{1}{11}+\frac{1}{13}\right)+\left(\frac{1}{17}+\frac{1}{19}\right)$$
$$+\left(\frac{1}{41}+\frac{1}{43}\right)+\cdots$$

이 무한대가 되지 않고 1.9021…로 유한이라는 것이 1919년에 브룬(Brun)에 의해 증명되었다는 점입니다. 따라서 역수의 합을 보는 것만으로는 쌍둥이 소수가 무한 쌍 있다는 것을 증명할 수 없습니다. 쌍둥이 소수는 꽤 적은 것입니다. 이 문제는 페르마의 마지막 정리가 풀린 지금, 많은 사람들이 관심을 갖고 생각해 볼 만한 재미있는 문제입니다. 쌍둥이 소수의 분포에 대해서는 x 이하의 쌍둥이 소수의 쌍의 개수를 $\pi_t(x)$라 하면

$$\pi_t(x)\sim(1.3203\cdots)\times\frac{x}{(\log x)^2}$$

라고 하디(Hardy)와 리틀우드(Littlewood)가 예상하였습니다. 이 상수는

$$1.3203\cdots$$

$$=2\times\left(1-\frac{1}{(3-1)^2}\right)\times\left(1-\frac{1}{(5-1)^2}\right)$$

$$\times\left(1-\frac{1}{(7-1)^2}\right)\times\left(1-\frac{1}{(11-1)^2}\right)\times\cdots$$

라는 3 이상의 소수 3, 5, 7, …에 관한 곱입니다.

●○○ 알면 더 재미있는!

순환 계산

142857을 몇 배 하면 다음처럼 됩니다.

$$142857 \times 1 = 142857$$
$$142857 \times 3 = 428571$$
$$142857 \times 2 = 285714$$
$$142857 \times 6 = 857142$$
$$142857 \times 4 = 571428$$
$$142857 \times 5 = 714285$$
$$[142857 \times 7 = 999999]$$

오른쪽의 계산 결과를 보면 142857이 가로로도 세로로도 빙글빙글 순환하고 있습니다. 이는

$$\frac{1}{7} = 0.142857142857142857\cdots$$

과 관련돼 있습니다. 실은 비슷한 것을 7, 17, 19, … 에도 생각할 수 있는데, 그처럼 특별한 소수($\frac{1}{p}$을 소수 전개할 때 순환 마디의 길이가 $p-1$인 소수)가 무한개인가 하는 것은 리만 가

설에 달려 있습니다. '확장된 리만 가설' 이 정확하면 그러한 소수는 소수 전체 중의 약 37.4퍼센트(대강 $\frac{3}{8}$)임(특히 무한개입니다)이 유도됩니다. 예를 들어 100 이하의 소수는 25개 있는데, 그중 9개(7, 17, 19, 23, 29, 47, 59, 61, 97)가 구하는 소수라는 것을 가우스가 계산했습니다. 여기까지의 비율은 36퍼센트로 꽤 잘 맞습니다.

2

오일러로부터 리만까지

하나 하나 보았다고 해도 진짜는

제타

바야흐로 제타가 등장합니다. 이제부터 갖가지 제타를 소개할 텐데 우선 제타가 생물과 꽤 비슷하다는 사실을 강조하고 싶습니다. 지구의 생물을 단세포 생물, 다세포 생물, 바이러스의 세 가지로 나누듯이(바이러스는 생물이 아니라고 할지도 모르지만 여기서는 넣어 둡니다), 그에 대응하여 제타도 Z 제타(수론적 제타, 즉 정수 세상의 제타), R 제타(실수 세상의 제타), F_p 제타(유한 세상의 제타)로 나눕니다. 여기에서 Z는 정수 전체 $\{0, \pm 1, \pm 2, \cdots\}$, R은 실수 전체를 나타내는 기호이고, F_p는 소수 p에 대해

$$F_p=\{0, 1, \cdots, p-1\}$$

처럼 정수를 p로 나눈 나머지를 가리킵니다.

제2장과 제3장의 목표는 이 세 종류의 제타가 사는 모습을 보는 것, 그리고 이들을 어떻게 통일시킬 수 있는가를 생각하는 것입니다(통일할 수 있다면 모든 제타를 F_1 제타의 입장에서 통일하여 절대 수학으로 헤치고 들어가고 싶다는 생각인 것입니다).

아무튼 최초의 제타는

$$\zeta(s) = \prod_{p\,:\,소수} (1-p^{-s})^{-1} = \sum_{n=1}^{\infty} n^{-s}$$

입니다. ζ는 그리스 문자로 '제타(zeta)'라고 읽습니다. 이는 Z 제타입니다. 제타라는 이름은 리만이 붙인 것인데 제1장에서도 보았듯이 제타 자체는 오일러가 발견해 처음 연구한 것입니다. 간단히 쓰기 위해 곱의 기호 Π나 합의 기호 Σ을 썼는데, 구체적으로는

$$\zeta(s) = \frac{1}{1-\frac{1}{2^s}} \times \frac{1}{1-\frac{1}{3^s}} \times \frac{1}{1-\frac{1}{5^s}} \times \frac{1}{1-\frac{1}{7^s}} \times \cdots$$
$$= 1 + \frac{1}{2^s} + \frac{1}{3^s} + \frac{1}{4^s} + \frac{1}{5^s} + \frac{1}{6^s} + \frac{1}{7^s}$$
$$+ \frac{1}{8^s} + \frac{1}{9^s} + \frac{1}{10^s} + \frac{1}{11^s} + \frac{1}{12^s} + \cdots$$

입니다. 여기에서

소수에 관한 곱	=	자연수에 관한 합

인 것은 제1장에서 본 대로 소인수 분해의 유일성을 절묘하게 표현하고 있습니다. 제타에는 이처럼 수론의 '요점'이 되는 성질이 들어 있는 것이 특징입니다.

여기에서 $s=1$이라 한 것이 전에 나왔던

$$\frac{1}{1-\frac{1}{2}}\times\frac{1}{1-\frac{1}{3}}\times\frac{1}{1-\frac{1}{5}}\times\cdots$$

$$=1+\frac{1}{2}+\frac{1}{3}+\frac{1}{4}+\frac{1}{5}+\frac{1}{6}+\cdots=\infty$$

입니다.

제타가 특이한 대목은 s를 아무 복소수라 둬도 의미를 갖는다는 점입니다(수학적으로는 '해석학적 연장이 가능하다' 라고 말합니다). 게다가 $s\longleftrightarrow 1-s$이라는 대칭성($\zeta(s)$와 $\zeta(1-s)$의 대응관계)을 갖습니다. 오일러가 1749년에 발견한 형태로 나타내면 다음처럼 됩니다.

$\zeta(1-s)$ ☽달		$\zeta(s)$ ⊙태양
$\zeta(0)=$ "$1+1+1+\cdots$" $=-\frac{1}{2}$	$\longleftrightarrow$	$\zeta(1)=1+\frac{1}{2}+\frac{1}{3}+\cdots=\infty$
$\zeta(-1)=$ "$1+2+3+\cdots$" $=-\frac{1}{12}$	$\longleftrightarrow$	$\zeta(2)=1+\frac{1}{4}+\frac{1}{9}+\cdots=\frac{\pi^2}{6}$
$\zeta(-2)=$ "$1+4+9+\cdots$"	$\longleftrightarrow$	$\zeta(3)=1+\frac{1}{8}+\frac{1}{27}+\cdots$

$$= 0$$

$$\zeta(-3) = \text{"}1+8+27+\cdots\text{"} \longleftrightarrow \zeta(4) = 1 + \frac{1}{16} + \frac{1}{81} + \cdots$$

$$= \frac{1}{120} \qquad\qquad = \frac{\pi^4}{90}$$

$$\vdots \qquad\qquad \vdots$$

이 값을 계산하는 방법은(특히 왼쪽은 이상하게 보이는데) 다음에서 소개합니다. 큰 따옴표(" ")는 앞으로 계속 나오는데 '유연하게 해석한다.' 라는 뜻입니다.

이 달(☽)과 태양(☉)의 기호는 오일러 자신이 사용한 것으로 양쪽을 한꺼번에는 보기 힘들다, 즉 한쪽은 수렴하는 반면 다른 쪽은 발산한다는 뜻을 함축하는 듯합니다. 유연하게 비교하자는 생각입니다. 이처럼 반대의 성질을 지닌 것끼리의 관계를 수학에서는 '쌍대성(duality)' 이라고 부릅니다. 쌍대성은 제타를 떠받치고 있는 중요하고 깊이 있는 개념입니다. s를 복소수 평면에서 취해 대응 $s \longleftrightarrow 1-s$를 그리면 다음처럼 됩니다.

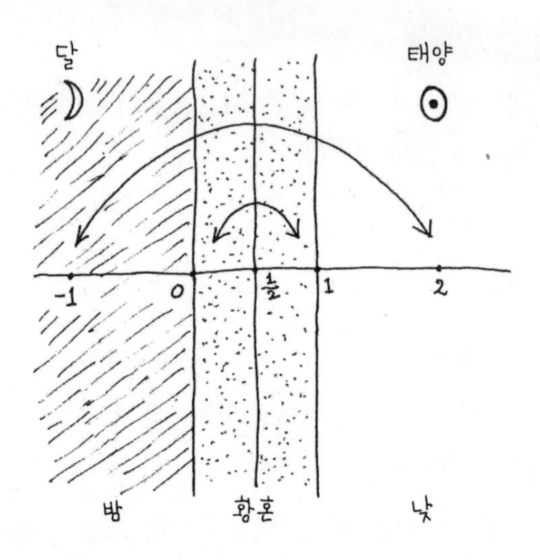

오일러의 제타 계산 : ☽쪽

여기서는 오일러의 ☽쪽의 계산 방법을 소개합니다. 우선

$$\zeta(s)=\sum_{n=1}^{\infty} n^{-s}=1+2^{-s}+3^{-s}+4^{-s}+5^{-s}+6^{-s}+\cdots$$

대신에 부호를 붙인

$$\varphi(s)=\sum_{n=1}^{\infty}(-1)^{n-1}n^{-s}$$

$$=1-2^{-s}+3^{-s}-4^{-s}+5^{-s}-6^{-s}+\cdots$$

을 생각합니다(φ는 그리스 문자로 '파이(phi)' 라고 읽습니다).

$$\begin{aligned}\varphi(s)&=(1+2^{-s}+3^{-s}+4^{-s}+5^{-s}+6^{-s}+\cdots)\\&\quad-2\cdot(2^{-s}+4^{-s}+6^{-s}+\cdots)\\&=(1+2^{-s}+3^{-s}+4^{-s}+5^{-s}+6^{-s}+\cdots)\\&\quad-2\cdot 2^{-s}(1+2^{-s}+3^{-s}+\cdots)\\&=(1-2^{1-s})(1+2^{-s}+3^{-s}+\cdots)\\&=(1-2^{1-s})\zeta(s)\end{aligned}$$

가 되므로

$$\begin{gathered}\varphi(0)=-\zeta(0)\\\varphi(-1)=-3\zeta(-1)\\\varphi(-2)=-7\zeta(-2)\\\varphi(-3)=-15\zeta(-3)\\\cdots\end{gathered}$$

이 얻어집니다. 따라서

$$\text{“}1+1+1+\cdots\text{”}=\zeta(0)=-\varphi(0)$$

$$\text{“}1+2+3+\cdots\text{”}=\zeta(-1)=-\frac{1}{3}\varphi(-1)$$

$$(1) \qquad \text{“}1+4+9+\cdots\text{”}=\zeta(-2)=-\frac{1}{7}\varphi(-2)$$

$$\text{“}1+8+27+\cdots\text{”}=\zeta(-3)=-\frac{1}{15}\varphi(-3)$$

$$\cdots$$

을 알 수 있습니다. 여기에서 $\varphi(0)$, $\varphi(-1)$, $\varphi(-2)$, $\cdots$을 계산할 수 있으면 되는 것입니다.

이 계산에는 전에도 나왔던

$$(a) \qquad 1+x+x^2+x^3+\cdots=\frac{1}{1-x}$$

을 사용합니다. 여기에서 $x=-1$이라 두면

$$\text{“}1-1+1-1+\cdots\text{”}=\frac{1}{2}$$

이 얻어져, 왼쪽 변이 $\varphi(0)$과 일치합니다. (1)을 이용하면,

$$\zeta(0)=\text{“}1+1+1+1+\cdots\text{”}=-\frac{1}{2}$$

임을 알 수 있습니다. 큰 따옴표가 붙어 있는 것을 주의해 주십시오. 더욱이 (a)의 양변을 제곱하면

$$(b) \qquad 1+2x+3x^2+4x^3+\cdots=\frac{1}{(1-x)^2}$$

이 얻어집니다. 실제로

$$\begin{aligned}&(1+x+x^2+x^3+\cdots)^2\\&=(1+x+x^2+x^3+\cdots)(1+x+x^2+x^3+\cdots)\\&=1+(x\cdot 1+1\cdot x)+(x^2\cdot 1+x\cdot x+1\cdot x^2)\\&\quad+(x^3\cdot 1+x^2\cdot x+x\cdot x^2+1\cdot x^3)+\cdots\\&=1+2x+3x^2+4x^3+\cdots\end{aligned}$$

이 됩니다. 이 (b)에서 $x=-1$이라고 놓으면

$$\text{“}1-2+3-4+\cdots\text{”}=\frac{1}{4}$$

이 되어 왼쪽 변은 $\varphi(-1)$과 일치합니다. (1)을 이용하면

$$\zeta(-1)=\text{“}1+2+3+\cdots\text{”}=-\frac{1}{12}$$

을 알 수 있습니다. $\varphi(-2)$, $\varphi(-3)$, …도 같은 방법으로 하면 되는데, (a), (b) 대신

$$(c) \qquad 1+4x+9x^2+16x^3+\cdots=\frac{1+x}{(1-x)^3}$$

$$(d) \qquad 1+8x+27x^2+64x^3+\cdots=\frac{1+4x+x^2}{(1-x)^4}$$

을 이용합니다. (c)에서 $x=-1$이라 놓으면

$$\varphi(-2)=\text{“}1-4+9-16+\cdots\text{”}=0$$
$$\zeta(-2)=\text{“}1+4+9+16+\cdots\text{”}=0$$

이고, (d)에서 $x=-1$이라 놓으면

$$\varphi(-3)=\text{“}1-8+27-64+\cdots\text{”}=-\frac{1}{8}$$
$$\zeta(-3)=\text{“}1+8+27+64+\cdots\text{”}=\frac{1}{120}$$

이 되는 것을 알 수 있습니다. 역시 (c)나 (d)도 (a)를 세제곱한다든지 네제곱한다든지 하여 얻을 수 있는데 일반적으로는 (a)식을 x에 대해 여러 번 미분하여 얻는 것이 간단합니다. 예를 들어 (b)식은 (a)를 x에 대해 한 번 미분하면 얻을 수 있습니다.

그런데

$$\text{“}1+2+3+4+\cdots\text{”}=-\frac{1}{12}$$

이나

$$“1+8+27+64+\cdots” = \frac{1}{120}$$

은 대체 무엇을 뜻하는 것일까요? 물론 보통은 둘 다 무한대여야 할 터입니다. 이는 계산의 달인인 오일러가 250년 전에 했던 계산인데, 특히 '$x=-1$' 이라고 놓는 것은 '위험한' 계산입니다(수렴하지 않습니다!). 이를 해석학적 연속이라고 하는 수법으로 의미를 붙인 것은 오일러보다 100년 뒤의 리만이었습니다(부록 4를 참조하여 주십시오).

여전히 이 값은 제타의 특수값으로 해석할 수 있을 뿐이지만 자연계에서도 자주 나타나고 있는지도 모릅니다. 예를 들어 1997년에 미국 시애틀의 라모로(Lamoreaux) 교수가 양자역학 분야에서 50년간 염원해 왔던 '캐시미어 효과(Casimir effect)' 를 실험으로 확인했을 때의 이론값은 실제로

$$“1+8+27+64+\cdots” = \frac{1}{120}$$

이었습니다. 무한대가 되는 것을 요령 있게 빠져나가 의미가 있는 유한값을 내는 것을 물리학의 언어로 '재정규화' (renormalization)라고 말하는데, 위의 값은 그 예라고 생각됩

니다.

오일러의 '기묘한' 계산이 나온 김에 오일러의 가장 격렬한 계산(제타보다 더 격렬하게 발산합니다!)을 소개하겠습니다.

$$\text{“}1-2!+3!-4!+5!-6!+7!-\cdots\text{”}=0.4036526378\cdots$$

여기에서 $n!$은 $1\times2\times3\times\cdots\times n$으로 n의 계승입니다.

오일러의 제타 계산 : ⊙쪽

오일러에 의한 ⊙쪽의 계산을 보기로 합시다. 이 계산은 근과 계수와의 관계 - 제타와는 관계없는 듯이 보이지만 - 를 사용하므로 학교에서 배운 것을 떠올려 주십시오.

2차 방정식의 근과 계수와의 관계는

$$x^2-ax+b=(x-\alpha)(x-\beta) \tag{2}$$

일 때

$$a=\alpha+\beta$$
$$b=\alpha\beta$$

라는 것입니다. 이는 (2)의 오른쪽 변을 전개하면

$$x^2-(\alpha+\beta)x+\alpha\beta$$

가 되는 것으로부터 알 수 있습니다. 이는 더 고차인 경우에도 성립합니다. 3차 방정식이라면

$$x^3-ax^2+bx-c=(x-\alpha)(x-\beta)(x-\gamma)$$

라 하면

$$a=\alpha+\beta+\gamma$$
$$b=\alpha\beta+\beta\gamma+\gamma\alpha$$
$$c=\alpha\beta\gamma$$

이고, 일반적인 n차 방정식이라면

$$(3) \qquad x^n-a_1x^{n-1}+a_2x^{n-2}-\cdots+(-1)^n a_n = (x-\alpha_1)(x-\alpha_2)\cdots(x-\alpha_n)$$

일 경우

$$a_1=\alpha_1+\cdots+\alpha_n$$

$$a_2 = \alpha_1\alpha_2 + \alpha_1\alpha_3 + \cdots = \sum_{i<j} \alpha_i\alpha_j$$

$$\vdots$$

$$a_n = \alpha_1 \times \cdots \times \alpha_n$$

이 됩니다. 여기에서 $\sum_{i<j}$라는 것은 $i<j$가 되는 (i, j)의 쌍 전체($\frac{n^2-2}{2}$개의 쌍이 있습니다)에 대한 합을 의미하고 있습니다. 이 식은

$$1 - a_1x + \cdots + (-1)^n a_n x^n$$
$$= (1-\alpha_1 x)(1-\alpha_2 x)\cdots(1-\alpha_n x)$$

라고 바꿔 쓸 수 있습니다((3)식의 x를 $\frac{1}{x}$로 바꿔 넣어 전체를 x^n으로 나누면 됩니다).

오일러는 이를 '무한 차수의 다항식'의 경우에 생각하여

$$(4) \qquad 1 - \frac{x^2}{6} + \frac{x^4}{120} - \cdots$$
$$= \left(1 - \frac{x^2}{\pi^2}\right) \times \left(1 - \frac{x^2}{4\pi^2}\right) \times \left(1 - \frac{x^2}{9\pi^2}\right) \times \cdots$$

을 이끌어냈던 것입니다. 공식으로 나타내면

$$\sum_{m=0}^{\infty} \frac{(-1)^m x^{2m}}{(2m+1)!} = \prod_{n=1}^{\infty} \left(1 - \frac{x^2}{n^2\pi^2}\right)$$

가 됩니다. '무한 차수의 다항식' 이라고 한 것은

$$\frac{\sin x}{x} = 1 - \frac{x^2}{6} + \frac{x^4}{120} - \cdots$$

입니다. $\frac{\sin x}{x}$의 근(이것이 0이 되는 x의 값)이 $\pm\pi$, $\pm 2\pi$, $\pm 3\pi$, $\pm 4\pi$, …인 것은 삼각 함수의 기본적인 성질입니다($\pm\pi$, $\pm 2\pi$, $\pm 3\pi$, $\pm 4\pi$, …가 근인 것은 삼각함수의 처음에 곧 배우는 것이지만, 다른 근이 없다는 것 - 허근이 없다는 것 - 은 그다지 어렵진 않지만 증명해야만 하는 것입니다).

이처럼 하여 근과 계수의 관계로부터 (4)식의 2차 계수를 보면

$$\frac{1}{6} = \frac{1}{\pi^2} + \frac{1}{4\pi^2} + \frac{1}{9\pi^2} + \cdots$$

이 되어

$$1 + \frac{1}{4} + \frac{1}{9} + \cdots = \frac{\pi^2}{6}$$

이 얻어집니다. 똑같이 하여

$$1+\frac{1}{16}+\frac{1}{81}+\cdots=\frac{\pi^4}{90}$$

등도 높은 차수의 계수를 보면 알 수 있습니다. 예를 들어 4차의 계수를 비교하여

$$\frac{1}{120}=\sum_{m<n}\frac{1}{m^2\pi^2}\cdot\frac{1}{n^2\pi^2}$$

즉

$$\sum_{m<n}\frac{1}{m^2\pi^2}=\frac{\pi^4}{120}$$

이 얻어지므로

$$\begin{aligned}\sum_{n=1}^{\infty}\frac{1}{n^4}&=\left(\sum_{n=1}^{\infty}\frac{1}{n^2}\right)^2-2\left(\sum_{m<n}\frac{1}{m^2n^2}\right)\\&=\left(\frac{\pi^2}{6}\right)^2-2\cdot\frac{\pi^4}{120}\\&=\frac{\pi^4}{36}-\frac{\pi^4}{60}\\&=\frac{\pi^4}{90}\end{aligned}$$

등도 구해집니다.

이처럼 하여 $\zeta(2)$, $\zeta(4)$, $\zeta(6)$, $\zeta(8)$, …처럼 짝수 $m=2, 4, 6, 8, \cdots$의 경우 값을 구해

$$\zeta(m)=\pi^m \times (\text{유리수})$$

라는 꼴인 것도 알 수 있습니다. 더욱이 이 유리수 부분은 본질적으로 '베르누이 (Bernoulli) 수' 라고 부르는 것입니다.

베르누이 수는

$$\frac{x}{e^x-1}=B_0+B_1x+\frac{B_2}{2!}x^2+\frac{B_3}{3!}x^3+\cdots$$
$$=\sum_{n=0}^{\infty}\frac{B_n}{n!}x^n$$

을 전개하여 얻어지는 유리수 B_n입니다.

$$B_0=1, \qquad B_1=-\frac{1}{2}, \qquad B_2=\frac{1}{6},$$
$$B_3=0, \qquad B_4=-\frac{1}{30}, \qquad B_5=0,$$
$$B_6=\frac{1}{42}, \qquad B_7=0, \qquad B_8=-\frac{1}{30},$$
$$\cdots$$

오일러는 1735년에 $m=2, 4, 6, 8, \cdots$에 대해

$$\zeta(m)=(-1)^{\frac{m}{2}+1}\frac{2^{m-1}B_m}{m!}\pi^m$$

을 보인 것입니다. 한편 앞에 계산했던 $\zeta(0)$, $\zeta(-1)$, $\zeta(-2)$, $\zeta(-3)$, …은 모두 유리수가 되는데, $m=1, 2, 3, 4, 5, \cdots$ 에 대해

$$\zeta(1-m)=(-1)^{m-1}\frac{B_m}{m}$$

이라고 간단히 쓸 수 있다는 것을 1749년에 오일러가 발견했습니다. 특히 음의 짝수에서의 값 $\zeta(-2)$, $\zeta(-4)$, $\zeta(-6)$, …은 모두 0입니다.

이처럼 하여 $m=2, 4, 6, 8, \cdots$일 때, 오일러는 $\zeta(m)$과 $\zeta(1-m)$의 식을 비교하여

$$\zeta(1-m)=\pi^{-m}2^{1-m}(m-1)!\cos\left(\frac{\pi m}{2}\right)\zeta(m)$$

이라는 관계식에 이르렀던 것입니다(이 등식은 $m=1, 3, 5, 7, \cdots$에 대해서도 성립합니다).

그런데 흔히 $\zeta(3)$의 값은 알 수 없었다고 전해지고 있습니다. 1979년 아페리(Apéry)라는 프랑스인이 $\zeta(3)$이 무리수라는 것을 증명하여 '오일러가 간과했던 것을 발견했다.' 라고

화제가 되었습니다. 사실 오일러는 $\zeta(3)$의 식을 발견했지만 그다지 알려지지 않은 것 같습니다. 그는 1772년경에

$$1+\frac{1}{3^3}+\frac{1}{5^3}+\frac{1}{7^3}+\cdots$$
$$=\frac{\pi^2}{4}\log 2+2\int_0^{\frac{\pi}{2}} x\log(\sin x)\,dx$$

라는 식을 내놓았습니다(전집 I-15권, 150쪽). 왼쪽 변은

$$\left(1+\frac{1}{2^3}+\frac{1}{3^3}+\frac{1}{4^3}+\frac{1}{5^3}+\frac{1}{6^3}+\frac{1}{7^3}+\cdots\right)$$
$$-\left(\frac{1}{2^3}+\frac{1}{4^3}+\frac{1}{6^3}+\cdots\right)$$
$$=\left(1+\frac{1}{2^3}+\frac{1}{3^3}+\frac{1}{4^3}+\frac{1}{5^3}+\frac{1}{6^3}+\frac{1}{7^3}+\cdots\right)$$
$$-\frac{1}{2^3}\left(1+\frac{1}{2^3}+\frac{1}{3^3}+\cdots\right)$$
$$=\left(1-\frac{1}{2^3}\right)\zeta(3)$$
$$=\frac{7}{8}\zeta(3)$$

이므로, 오일러는

$$\zeta(3) = \frac{2\pi^2}{7}\log 2 + \frac{16}{7}\int_0^{\frac{\pi}{2}} x \log(\sin x)\,dx$$

라는 결과를 보인 것이 됩니다(증명은 부록 3을 보십시오).

어쨌든 이처럼 오일러는

(1) 제타의 오일러 곱 표시 (소수의 곱으로의 분해)

(2) 제타의 특수값 표시 (s가 정수일 때의 $\zeta(s)$의 값)

(3) 제타의 함수 등식 ($\zeta(s) \leftrightarrow \zeta(1-s)$)

이라는 제타의 3대 성질을 놀랍게도 모두 혼자서 발견해 버렸습니다. 현재에 이르러 제타의 연구는 이러한 오일러의 발견으로부터 출발하고 있습니다.

리만의 연구

오일러의 약간은 위험하게 보이는 계산을 물려받은 이는 약 100년 뒤의 리만이었습니다(우연이지만 오일러가 사망했던 9월 18일과 리만이 태어난 9월 17일은 인접한 날입니다). 리만은 모든 복소수 s에 대해 $\zeta(s)$가 의미를 갖는 것을 증명하고, 함수 등식 $\zeta(s) \leftrightarrow \zeta(1-s)$도 확실히 증명한 것입니다(부록 4를 참조해 주십시오). 그 결과 $\zeta(s)=0$의 근(영점이라고 불립니다)에는

$$s=-2, -4, -6, -8, \cdots$$

처럼 오일러가 발견했던 음의 짝수 이외에 무한개의 허근 ρ_1, $1-\rho_1$, ρ_2, $1-\rho_2$, …가 있다는 것을 알 수 있었습니다. 오일러가 보지 못했던 것은 이 허근입니다.

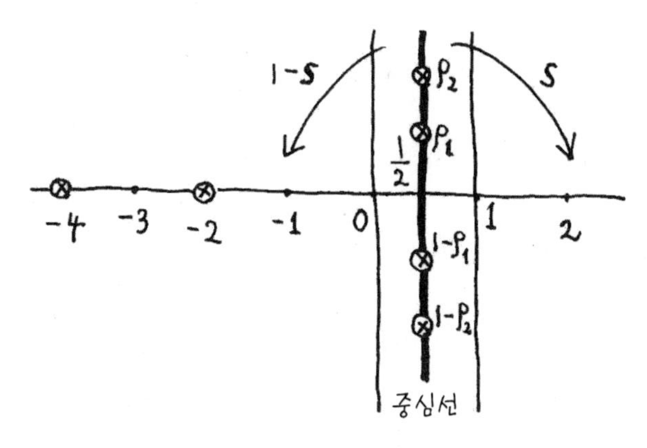

리만은 이러한 허근이 모두 실수 부분이 $\frac{1}{2}$이라는 직선상에 있는 것은 아닐까라는 가설을 1859년에 제출한 것인데, 그 이래로 150년 가까운 시간이 흐른 지금까지 미해결입니다. 수학에 있어서 최대의 난제라고 이야기되고 있어 수많은 사람들이 도전해 왔지만 해명되지 않았습니다. 이젠 슬슬 풀려도 좋을 시기인지도 모르겠습니다.

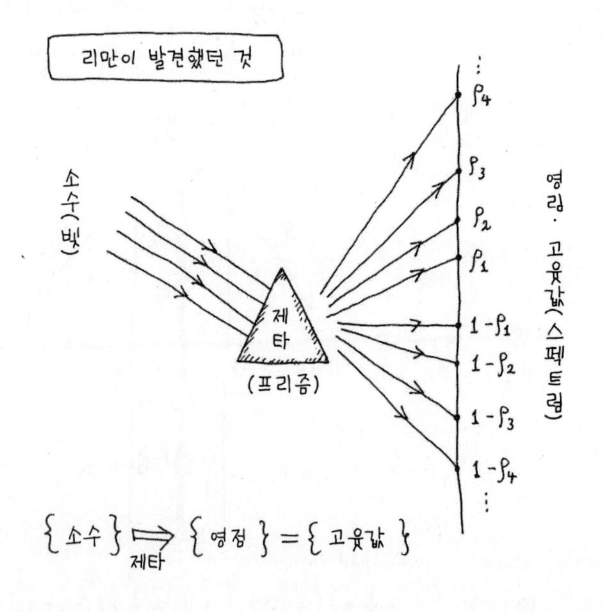

돌이켜 보면 자연수를 분해하여 소수가 나왔고 그를 정리하여 제타에 이르렀습니다. 제타의 아름다움은 $s \leftrightarrow 1-s$라

는 좌우 대칭성을 보이는 함수 등식으로 표현되는데, 리만 가설은 그에 더하여 중요한 본질적인 근은 모두 그 중심선 $Re(s)=\frac{1}{2}$ 위에 놓여 있어 '제타는 궁극적으로 아름답다' 라는 것을 말하는 것입니다. 이는 {2, 3, 5, …}이라는 소수 전체의 공간이 궁극적으로 아름답다는 것을 의미한다고 생각됩니다. 언제쯤 천사처럼 그 우아한 자태를 보여 줄까요?

리만 가설을 풀겠다는 바람이 소수 해명의 꿈, 제타 통일의 꿈, 절대 수학의 꿈을 키워 왔습니다. 이 세 꿈의 관계는 리만의 소수 공식으로 결부되어 있습니다. 소수 해명의 꿈에서 기본적인 문제는 소수의 개수 함수 $\pi(x)$를 구하는 것이었습니다. 리만의 소수 공식은 제 1장에서도 썼습니다만 아래의 공식입니다.

$$\pi(x)=\sum_{m=1}^{\infty}\frac{\mu(m)}{m}\Bigg(\underbrace{\mathrm{Li}(x^{\frac{1}{m}})}_{\text{“}s=1\text{이라는 극점에서”}}-\underbrace{\sum_{\rho}\mathrm{Li}(x^{\frac{\rho}{m}})}_{\text{“}s=\rho\text{라는 허근에서”}}$$

$$+\underbrace{\int_{x^{\frac{1}{m}}}^{\infty}\frac{dt}{(t^2-1)t\log t}}_{\text{“}s=-2,\ -4,\ \cdots\text{라는 실근에서”}}-\log 2\Bigg).$$

여기에서

$$\mu(m)=\begin{cases} +1 & m\text{이 짝수 개의 서로 다른 소수의 곱일 때 }(m=1\text{도 포함한다}) \\ -1 & m\text{이 홀수 개의 서로 다른 소수의 곱일 때} \\ 0 & \text{그 외의 경우 (즉, 어떤 소수의 제곱으로 나누어질 때)} \end{cases}$$

은 '뫼비우스(Mö bius) 함수' 이고

$$\mathrm{Li}(x)=\int_0^x \frac{dt}{\log t} \sim \frac{x}{\log x}$$

는 로그 적분이라고 불리는 함수이며, ρ는 $\zeta(s)$의 모든 허근을 움직입니다(μ는 그리스 문자로 '뮤(mu)' 라고 읽습니다). 리만의 소수 공식은 $\zeta(s)$의 값이 0인 경우 (영점 : $s=\rho$와 $s=-2m$의 꼴로 무한개 있다)와 ∞가 되는 경우(극점 : $s=1$뿐)를 알 수 있으면 소수를 알 수 있게 된다는 놀라운 공식입니다.

이처럼 하여

{소수 전체} ↔ {제타의 영점 전체}

라는 관계로 소수의 꿈이 제타의 꿈으로 옮겨 갑니다. 더욱이

제타의 영점을 확실히 구하기 위해서 어떤 행렬의 고윳값으로 간주하여

{제타의 영점 전체} ↔ {어떤 고윳값 전체}

라는 관계로 제타의 꿈이 절대 수학의 꿈으로 옮겨 갑니다. 그것은 별의 저편에 있는 이루지 못할 꿈일지도 모르겠습니다.

리만 가설

리만이 자신의 가설에 대하여 필사적으로 연구했다는 것은 틀림없지만, 수없이 계산을 했을 노트가 현재 일부분밖에 남아 있지 않아서 그가 어디까지 이 문제 해결에 도달했는지는 역사의 어둠에 묻혀 버렸습니다. 그래도 그의 노트에 남아 있는 계산 어딘가에 힌트가 숨어 있을지도 모릅니다. 잠깐 들여다봅시다.

제타를 사용하면

$$\text{“}1+2+3+\cdots\text{”}=-\frac{1}{12} \text{ (오일러, 1749년)}$$

를 알 수 있었는데,

$$\text{“}1\times2\times3\times\cdots\text{”}=\sqrt{2\pi} \text{ (리만, 1859년)}$$

도 제타를 사용하면 알 수 있습니다. 이는 제타를 통해 듣게 된 ‘자연(하늘)의 멜로디’ 라고 말할 수 있습니다.

곱의 경우는 리만의 계산 결과($\zeta(s)$의 함수 등식 $\zeta(s) \leftrightarrow \zeta(1-s)$로부터 나옵니다)

$$\zeta'(0)=-\log(\sqrt{2\pi})$$

를 바꿔 말한 것입니다(부록 4를 보아 주십시오). 이는

$$\zeta(s)=1^{-s}+2^{-s}+3^{-s}+\cdots$$

을 미분하면

$$\zeta'(s)=-(1^{-s}\log 1+2^{-s}\log 2+3^{-s}\log 3+\cdots)$$

이기 때문에, 형식적으로는

$$\begin{aligned}\zeta'(0)&=-(\log 1+\log 2+\log 3+\cdots)\\&=-\log(\text{“}1\times 2\times 3\times\cdots\text{”})\end{aligned}$$

즉,

$$\text{“}1\times 2\times 3\times\cdots\text{”}=e^{-s'(0)}=\sqrt{2\pi}$$

인 것을 알 수 있습니다.

리만의 이 계산은

$$\sum_{\rho}\frac{1}{\rho}=0.0230957089661210338 1\cdots$$

이라는 $\zeta(s)$의 실수가 아닌 영점 ρ의 역수의 합에 관련된 계산과 연관하여 얻어집니다. 리만은 자신의 가설에 대하여 최초의 영점 위치가

$$\rho_1 = \frac{1}{2} + i(14.14\cdots)$$

등으로, 정말로 실수 부분이 $\frac{1}{2}$인 것을 손으로 계산했습니다. 리만도 오일러나 가우스와 마찬가지로 계산하는 것을 사는 보람으로 여겼던 사람이었습니다. 그가 남겼던 계산 노트에는 $\sqrt{5}$의 계산이

$$\begin{aligned}\sqrt{5} &\fallingdotseq \frac{1}{17} + \frac{13}{19} + \frac{80}{107} + \frac{10}{27} + \frac{7}{8} \\ &= (0.058823529\cdots) + (0.684210526\cdots) \\ &\quad + (0.747663551\cdots) + (0.370370370\cdots) \\ &\quad + (0.375000000\cdots) \\ &= 2.236067977\cdots\end{aligned}$$

처럼 여러 자리까지도 계산이 일치합니다. 이는 취미로 했던 것이라고밖에는 생각되지 않습니다. 이와 동시에 리만에게는 우주 — 그것도 물질세계와 정신세계라는 언어를 사용하여 — 의 근원에 관한 생각에 잠기는 면도 있었습니다. 그에게는 매력적인 수수께끼가 많이 있습니다. 또한 그는 '리만 공간'을 연구하여 아인슈타인(Albert Einstein, 1879~1955)의 상대성 이론의 수학적 기초를 준비해 놓았던 것으로도 유명합니다.

3

라마누잔이라는 천재

라마누잔의 발견

남인도 출신의 수학자 라마누잔(Srinivasa Aiyangar Ramanujan, 1887~1920)에 의해 2차의 제타가 발견되었습니다. 그때까지는

$$\zeta(s) = \prod_{p\,:\,소수} (1-p^{-s})^{-1}$$

과 같이 오일러 곱의 내용물이 p^{-s}의 1차식인 제타밖에 없었습니다(2차의 제타는 p^{-s}의 2차식이 나타나는 제타입니다).

라마누잔은 1916년 q에 대한 무한 곱을 멱급수로 전개한 식

$$\Delta = q \prod_{n=1}^{\infty} (1-q^n)^{24} = \sum_{n=1}^{\infty} \tau(n) q^n$$

을 생각하여 그 계수 $\tau(n)$을 계산했습니다(Δ는 그리스 문자로 '델타(delta)', τ는 '타우(tau)' 라고 읽습니다).

$\tau(1)=1,\ \tau(2)=-24,\ \tau(3)=252,\ \tau(4)=-1472,$

$\tau(5)=4830,\ \tau(6)=-6048,\ \tau(7)=-16744,$

$\tau(8)=84480,\ \tau(9)=-113643,\ \tau(10)=-115920,\ \cdots$

조금 계산해 봅시다.

$$\begin{aligned}\Delta &= q(1-q)^{24}(1-q^2)^{24}(1-q^3)^{24}\cdots \\ &= q(1-{}_{24}\mathrm{C}_1 q+{}_{24}\mathrm{C}_2 q^2-\cdots)(1-{}_{24}\mathrm{C}_1 q^2+\cdots)\cdots \\ &= q(1-24q+276q^2-\cdots)(1-24q^2+\cdots)\cdots \\ &= q(1-24q+(276-24)q^2+\cdots)\cdots \\ &= q-24q^2+252q^3+\cdots\end{aligned}$$

이므로 $\tau(1)=1$, $\tau(2)=-24$, $\tau(3)=252$라는 것을 알 수 있습니다. 단

$${}_n\mathrm{C}_k=\frac{n!}{k!(n-k)!}$$

는 이항 계수입니다.

이 Δ는 '보형 형식(무게가 12)' 이라고 불리는 것입니다. 라마누잔은 Δ의 제타

$$L(s, \Delta)=\sum_{n=1}^{\infty}\tau(n)n^{-s}$$

을 생각하여 두 가지 예상을 내놓았습니다.

① $\displaystyle\sum_{n=1}^{\infty}\tau(n)n^{-s}=\prod_{p:\,\text{소수}}(1-\tau(p)p^{-s}+p^{11-2s})^{-1}$.

② p가 소수일 때 $|\tau(p)|<2p^{\frac{11}{2}}$.

그중 ①은 다음의 $(1a)+(1b)$와 동치입니다.

(1a) $\tau(n)$은 곱셈 함수, 즉 m, n이 공통 소인수를 갖지 않으면 $\tau(mn)=\tau(m)\tau(n)$이다.

(1b) p가 소수일 때 $l=1, 2, 3, \cdots$에 대해 점화식

$$\tau(p^{l+1})=\tau(p)\tau(p^{l})-p^{11}\tau(p^{l-1})$$

을 만족한다.

예를 들어 (1a)는 $\tau(6)=\tau(2)\tau(3)$, $\tau(10)=\tau(2)\tau(5)$ 등이고, (1b)는 $\tau(4)=\tau(2)^{2}-2^{11}$, $\tau(8)=\tau(2)\tau(4)-2^{11}\tau(2)$ 등이므로, $\tau(2)\sim\tau(8)$의 값을 이용하여 확인하는 것은 어렵지 않습니다. 물론 그런 사실을 발견하는 것은 대단히 어려운 일입니다. 라마누잔은

$$\text{“}1+2+3+\cdots\text{”}=-\frac{1}{12}$$

도 혼자서 발견했을 정도로 계산의 명수였습니다(하지만 그는 주변 사람들이 그러한 '기묘한 식'을 이해하지 못해 괴로워했습니다).

그 예상 중 ①은 이듬해인 1917년 모르델(Mordell)이 작용소 $T(p)$를 증명하였지만, ②의 증명에는 시간이 걸려 그 해결을 향한 노력이 20세기 수학을 변화시켰습니다. 그 결과 60년 가까이 지난 후인 1974년, 마침내 들리뉴(Deligne)가 ②를 증명했습니다. 그것은 그로텐디크(Alexander Grothendieck, 1928~)가 1955년부터 1970년에 걸쳐 1만 쪽에 가까운 방대한 논문에 쓴 공간 개념의 혁신인 '스킴(scheme) 이론'을 바탕으로, ②를 리만 가설의 유사물('합동 제타'에 대한 것)에 결부시킨 것($\frac{11}{2}$은 리만 가설에 나타나는 $\frac{1}{2}$을 바꾼 것)으로부터 성취한 기념비입니다. 그로텐디크의 스킴 이론에 대해서는 나중에 조금 손대 볼까 싶은데, 여기에서 한마디만 말해 두자면 그로텐디크는 소수 전체

$$\{2, 3, 5, 7, 11, 13, 17, \cdots\}$$

을 어엿한 공간으로 취급하겠다는 것입니다. 이는 2,500년에 걸친 소수 해명의 꿈 실현에 있어 커다란 진척을 가져다주었습니다. 그 결과 들리뉴에 의해 리만 가설의 유사물도 해결할 수 있었고, 와일즈에 의해 페르마의 마지막 정리도 해결하게 되었던 것입니다.

아무튼 ①에 의해

$$L(s, \Delta) = \prod_p (1 - \tau(p)p^{-s} + p^{11-2s})^{-1} = \prod_p L_p(s, \Delta)$$

는 각 인자 $L_p(s, \Delta)$의 분모가 p^{-s}의 2차식이므로 2차의 제타임이 판명됩니다. 이것이 역사상 최초의 2차의 제타입니다. 또한 ②번의 증명과 관련하여

②는 $1-\tau(p)x+p^{11}x^2$이 허근을 가질 조건
(판별식 $=\tau(p)^2-4p^{11}<0$)

이라는 것에 주의하십시오. 이는

$$1-\tau(p)p^{-s}+p^{11-2s}=0 \Longrightarrow \mathrm{Re}(s)=\frac{11}{2}$$

이라는 말과 다르지 않습니다. 요컨대 제타 $L(s, \Delta)$의 각 인자 $L_p(s, \Delta)$가 리만 가설과 유사한 '$L(s, \Delta)$의 국소 리만 가설'을 만족한다는 것입니다. 이에 대해 $L(s, \Delta)$에 대한 원래의 리만 가설로는 '그 본질적인 영점은 모두 실수부가 6이다.' 라는 "$L(s, \Delta)$의 대역 리만 가설"을 생각할 수 있지만, 이 방향은 $\zeta(s)$의 리만 가설과 마찬가지로 너무 어려워서 아직 증명되지 않았습니다. $L(s, \Delta)$의 함수 등식 $s \leftrightarrow 12-s$나 실수부가 6인 영점이 무한개 있다는 것은 1929년 윌튼

(Walton)에 의해 증명되었습니다. 보형 형식의 제타 이론은 1937년에 헤케(Hecke)가 해결했습니다.

이로부터

$$\tau(p)=2p^{\frac{11}{2}}\cos(\theta_p)$$

인 $0\leq\theta_p\leq\pi$가 딱 하나씩 얻어집니다. 허근이라는 것은

$$1-\tau(p)x+p^{11}x^2=(1-p^{\frac{11}{2}}e^{i\theta_p}x)(1-p^{\frac{11}{2}}e^{-i\theta_p}x)$$

로부터 볼 수 있습니다. 이 θ_p는 p의 모습을 보는 '2차의 담그는 법' (제타는 '소수를 정리하는 것' 으로 제타마다 '소수의 담그는 법' 이 대응됩니다)을 준다고 생각됩니다. 이 경우에 대응하는 '소수 정리' 는 다음의 1962년 말경에 사토 미키오(佐藤幹夫)가 예상한 '사토 예상' 으로 다음과 같은 것입니다.

사토 예상 $0\leq\alpha\leq\beta\leq\pi$에 대해

$$\lim_{x\to\infty}\frac{[x \text{ 이하의 소수 } p \text{ 중에서 } \alpha\leq\theta_p\leq\beta\text{인 것의 개수}]}{\pi(x)}$$

$$=\frac{2}{\pi}\int_{\alpha}^{\beta}(\sin\theta)^2 d\theta.$$

이는 θ_p가 $\frac{\pi}{2}$ 근처에 많이 분포한다는 것을 예상하고 있습니다(다음 그림).

사토 예상은 '제타 통일의 꿈' 중에서 증명할 수 있다고 믿어지고 있지만, 위와 같은 형태의 사토 예상을 증명하는 데 여러 가지 곤란한 점이 많아 아직까지 미해결로 남아 있습니다. 페르마의 마지막 정리를 증명하는 것보다 어렵다는 것은 확실합니다.

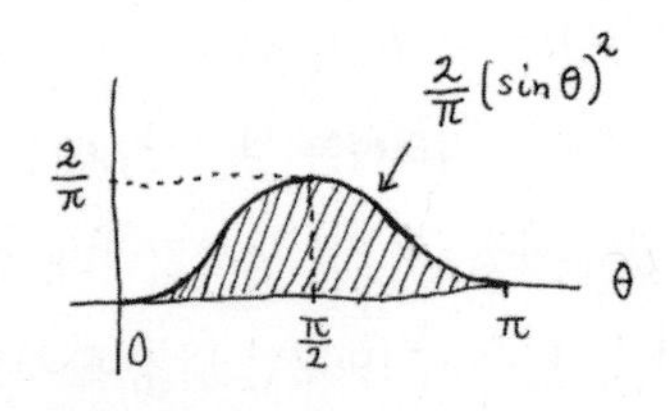

그런데 놀랍게도 2006년 이 사토 예상을 증명하는 데 있어서 획기적인 진전이 이루어졌습니다. 여기에서 서술했던 바로 그 사토 예상의 증명은 아니지만, 하버드 대학의 테일러(Taylor) 교수가 이 가설의 '타원 곡선 버전'('사토-테이트 예상'이라고 부릅니다)을 해결한 것입니다. 이 증명은 '타원 곡선 E에 관련된 제타 함수족 $L_m(s, E)(m=0, 1, 2, \cdots)$가 모두 좋은 성질을 갖는다.'라는 것을 보였다는 것이 요점입니다. '$L_1(s, E) = L(s, E)$는 좋은 성질을 갖는다.' ('타니야마 가설' 이라고 불렸습니다)라는 것으로부터 1995년에 테일러의 스승 와일즈에 의해 페르마의 마지막 정리가 증명되었던 것과 비교하면, 사토 예상의 난해한 정도를 알 수 있습니다. 즉 '사토 예상은 페르마의 마지막 정리보다 무한히 어렵다.' 라고 말할 수 있습니다.

와일즈가 페르마의 마지막 정리를 증명해 내기 전 1년 반 정도의 기간 동안 큰 곤경에 빠져 있었는데, 그때 도움을 준 사람이 테일러였습니다. 와일즈가 단독으로 저술한 페르마의 마지막 정리의 증명에 관한 논문에는 와일즈와 테일러의 공동 논문이 첨부돼 있습니다. 이 공동 논문이 와일즈의 문제점을 해결했던 열쇠이기도 하였는데, 이번에 테일러가 사토-테이트 예상을 증명한 방법은 그때 $L_1(s, E)$를 다뤘던 방법을 $L_m(s, E)$ $(m=2, 3, 4, 5, 6, 7, \cdots)$에도 확장한 것입니다. 기가 막히게 어려운 방법이었지만 멋지게 해냈습니다.

아무튼 앞서 언급했듯이 사토 예상 그 자체는 아직 풀리지 않았는데, 무엇을 하면 충분한가는 쓰기 쉬우므로 써 둡시다(타원 곡선일 때에도 거의 같은 방식입니다). 라마누잔의 Δ에 대해

$$L(s, \Delta) = \prod_p ((1 - p^{\frac{11}{2}} e^{i\theta_p} p^{-s})(1 - p^{\frac{11}{2}} e^{-i\theta_p} p^{-s}))^{-1}$$

이었습니다. 여기에서

$$\begin{aligned} &L_m(s, \Delta) \\ &= \prod_p ((1 - (p^{\frac{11}{2}} e^{i\theta_p})^m p^{-s})(1 - (p^{\frac{11}{2}} e^{i\theta_p})^{m-1} (p^{\frac{11}{2}} e^{-i\theta_p}) p^{-s}) \\ &\cdots (1 - (p^{\frac{11}{2}} e^{i\theta_p})(p^{\frac{11}{2}} e^{-i\theta_p})^{m-1} p^{-s})(1 - (p^{\frac{11}{2}} e^{-i\theta_p})^m p^{-s}))^{-1} \end{aligned}$$

라 놓습니다. 여기에서

$$L_0(s, \Delta) = \zeta(s),$$
$$L_1(s, \Delta) = L(s, \Delta)$$

입니다. 지금까지 $L_2(s, \Delta)$ (랭킨(Rankin), 셀베르그(Selberg), 시무라(Shimura) : 1970년대), $L_3(s, \Delta)$ (개럿(Garrett) : 1980년대)까지는 좋은 성질을 갖는다는 것이 알려졌습니다. 사토 예상을 증명하기 위해 남은 문제는

'$L_m(s, \Delta)(m = 4, 5, 6, 7, \cdots)$이 모두 좋은 성질을 갖는다.'

라는 것을 증명하는 것입니다.

이는

오일러, 리만 : $\zeta(s)$

$\Rightarrow$ 라마누잔 : $L(s, \Delta)$

$\Rightarrow$ 랭킨, 셀베르그, 시무라 : $L_2(s, \Delta)$

$\Rightarrow$ 개럿 : $L_3(s, \Delta)$

로 내려온 제타 배턴을 무한으로 이어 가는 일입니다.

타원 곡선에 관해서는 테일러가 해냈습니다. 라마누잔의 Δ에 대해서는 누가 완성할까요? 독자의 도전을 기대합니다.

라마누잔이 좋아했던 것

라마누잔은 남인도의 고향에 있을 때부터 초록색 잉크가 든 펜으로 수학 노트를 썼습니다. 이 노트는 누구도 본 적 없는 수학이 가득했는데, 그에 의하면 그 내용은 나마기리(Namagiri) 여신이 가르쳐 준 것이라고 합니다. 그는 나마기리 여신을 전폭적으로 신뢰했습니다.

어쨌든 라마누잔이 남긴 노트(자필 노트의 팩시밀리 판이 출판됐습니다)를 보면 다음과 같은 등식이 몇 개씩 나와 있습니다.

$$(1)\ \sum_{n=1}^{\infty}\frac{n}{e^{2\pi n}-1}=\frac{1}{24}-\frac{1}{8\pi}.$$

$$(2)\ \sum_{n=1}^{\infty}\frac{n^3}{e^{2\pi n}-1}=\frac{1}{80}\left(\frac{\omega}{\pi}\right)^4-\frac{1}{240}.$$

$$(3)\ \sum_{n=1}^{\infty}\frac{n^5}{e^{2\pi n}-1}=\frac{1}{504}.$$

이는 (3) → (1) → (2)의 순으로 점차 어려워집니다. (3)과 (1)은 '아이젠슈타인(Eisenstein) 급수' 라고 불리는 보형형식(무게 6과 무게 2)을 사용하면 증명할 수 있습니다.

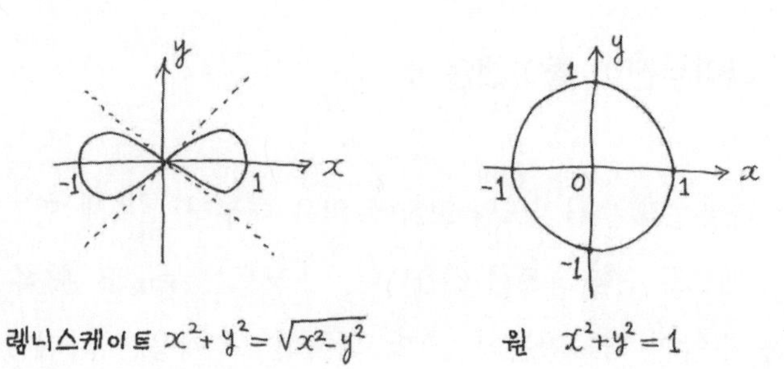

(2)는 무게 4인 경우인데, 어려운 라마누잔의 Δ 등을 활용하는 문제가 됩니다. 여기에서 나오는 ω는 '렘니스케이트(lemniscate) 곡선' $x^2+y^2=\sqrt{x^2-y^2}$(극좌표로는 $r=\cos(2\theta)$)의 '주율'

$$\omega=2\int_0^1\frac{dr}{\sqrt{1-r^4}}=2.622057\cdots$$

입니다. 렘니스케이트의 둘레는 2ω입니다(극좌표를 쓰면 계산하기 쉽습니다). 이 ω는 가우스가 200년 전에 보통의 원주율

$$\pi=2\int_0^1\frac{dx}{\sqrt{1-x^2}}=3.141592\cdots$$

(원의 둘레는 2π)의 유사물로 연구했던 것입니다. 감마 함수(부록 4)로는

$$\omega=\Gamma\left(\frac{1}{4}\right)^2 2^{-\frac{3}{2}}\pi^{-\frac{1}{2}}$$

이라고 쓸 수 있습니다.

라마누잔의 $\tau(n)$에 대한 여러 가지 공식

라마누잔의 $\tau(n)$은 수학의 중심에 위치해 있는 듯 보입니다. 여러 가지 흐름이 $\tau(n)$에 흘러 들어왔다가 나갔습니다. 몇 개만 소개해 봅시다.

(A) $\tau(n)=\sigma_{11}(n)-\frac{691}{756}(\sigma_{11}(n)-\sigma_5(n)$

$$+252\sum_{m=1}^{n-1}\sigma_5(m)\sigma_5(n-m)\Big)$$

[단, $\sigma_k(n)=\sum_{d|n}d^k$는 n의 약수의 k제곱의 합입니다.]

이는 라마누잔이 1916년에 발견한 공식으로, 이로부터 합동식

$$\tau(n)\equiv\sigma_{11}(n) \bmod 691$$

[$\tau(n)-\sigma_{11}(n)$이 소수 691로 나누어 떨어진다는 것]

이 나옵니다. n이 소수 p일 때를 생각하면

$$\tau(p)\equiv 1+p^{11} \bmod 691$$

입니다.

$$(\mathrm{B})\ \tau(n)=\sum_{\substack{(a,b,c,d,e)\in Z^5\\(a,b,c,d,e)\equiv(1,2,3,4,5) \bmod 5\\a+b+c+d+e=0\\a^2+b^2+c^2+d^2+e^2=10n}}\frac{(a-b)(a-c)(a-d)(a-e)(b-c)(b-d)(b-e)(c-d)(c-e)(d-e)}{1!2!3!4!}$$

이는 물리학자 다이슨(Dyson)이 1968년에 발견한 공식입니다. 간단명료함이 놀랍습니다. 이 합은 유한 합으로, 예를

들어 $\tau(1)$이라면 (a, b, c, d, e)는 $(1, 2, -2, -1, 0)$뿐입니다. 다이슨은 양자 역학과 우주론의 연구로 유명한데, 학창 시절 하디(라마누잔의 공동 연구자)의 강의를 들으면서 수론을 연구했던 사람으로 이 식도 취미 삼아 발견한 것입니다. 그는 『라마누잔 논문집』의 애호가이기도 합니다. 그는 오일러의 '오각수 공식(보형 형식론의 시초로 1741년에 발견되어 1750년에 증명되었습니다)'

$$\prod_{n=1}^{\infty}(1-q^n)=\sum_{m=-\infty}^{\infty}(-1)^m q^{\frac{3m^2-m}{2}}$$

의 확장(24제곱 버전) 방향으로 생각했습니다($\frac{3m^2-m}{2}$는 $m=1, 2, 3, \cdots$일 때, 1, 5, 12, $\cdots$인 피타고라스의 오각수입니다). 다이슨이 발견한 이 식은 1970년대에 이르러 맥도날드(Mcdonald)와 캐츠(Kac) 등 여러 수학자들이 무한 차원 리대수의 표현론을 써서 해명하여 현재 활발히 연구하고 있는 분야입니다.

$$\text{(C)}\ \tau(n)=-\sum_{0\le m<2\sqrt{n}}{}' H(4n-m^2)\frac{\eta_m^{11}-\bar{\eta}_m^{11}}{\eta_m-\bar{\eta}_m}$$
$$-\sum_{\substack{d\mid n\\ d\le\sqrt{n}}}{}' d^{11}+\frac{11}{12}\delta(\sqrt{n})n^5.$$

[단, $\delta(\sqrt{n})$은 n이 제곱수일 때 1이고, 그 외에는 0, Σ'은

$m=0$과 $d=\sqrt{n}$일 때는 무게 $\frac{1}{2}$을 곱한다는 의미이고,

$$\eta_m=\frac{m+i\sqrt{4n-m^2}}{2}$$

이며, $H(d)$는 판별식 $-d(<0)$인 2차 형식의(가중치를 고려한) 유수(class number).]

이는 셀베르그가 1952년경에 셀베르그의 대각합 공식으로 발견한 식입니다. 라마누잔의 예상 ②의 증명에는 이 식이 스킴 이론적 해석에 결부되어 사용됐습니다. 셀베르그도 『라마누잔 논문집』의 애호가입니다.

유한 세상 F_p

소수 p에 대해

$$\mathrm{F}_p=\{0, 1, \cdots, p-1\}$$

라 둡니다. 이제 수는 이것밖에 없다고 생각해 봅시다. 덧셈과 곱셈을 할 수 있다면 좋겠는데…….

가능합니다. 보통의 정수의 계산을 하여 p로 나눈 나머지

를 취하면 됩니다. '$a-b$는 c의 배수'를 나타내는 기호 '$a \equiv b \bmod c$' 를 이용하면, a를 F_p의 원소로 본다는 것은 $a \bmod p$라고 이해하면 좋다는 이야기입니다. 예를 들어

$$F_7=\{0, 1, 2, 3, 4, 5, 6\}$$

일 때는

$$\begin{array}{ll} 3+0=3 & 3\times 0=0 \\ 3+1=4 & 3\times 1=3 \\ 3+2=5 & 3\times 2=6 \\ 3+3=6 & 3\times 3=2 \\ 3+4=0 & 3\times 4=5 \\ 3+5=1 & 3\times 5=1 \\ 3+6=2 & 3\times 6=4 \end{array}$$

입니다. 같은 방법으로 뺄셈과 0이 아닌 수에 대한 나눗셈도 가능합니다. F_7의 예에서는

$$\begin{array}{ll} 3-0=3 & \boxed{} \\ 3-1=2 & 3\div 1=3 \\ 3-2=1 & 3\div 2=5 \\ 3-3=0 & 3\div 3=1 \end{array}$$

$$3-4=6 \qquad 3\div 4=6$$

$$3-5=5 \qquad 3\div 5=2$$

$$3-6=4 \qquad 3\div 6=4$$

입니다. 나눗셈 이외에는 별것도 아니지만, 나눗셈일 때는 확실히 증명해 두지 않으면 불안합니다. 여기에서 a, $b \in \mathrm{F}_p - \{0\} = \{1, \cdots, p-1\}$에 대해

$$a \div b = c$$

인 $c \in \mathrm{F}_p - \{0\}$가 딱 하나 나온다는 것을 보여 봅시다. 이를 위해

$$b, 2b, 3b, \cdots, (p-1)b$$

를 생각합니다. 단, 모두 p로 나눈 나머지를 봅니다. 그러면 전체가 1, 2, 3, ⋯, $p-1$과 같아지는(1, 2, 3, ⋯, $p-1$의 치환) 것을 알 수 있습니다(예를 들어 $p=7$, $b=3$일 때 3, 2×3, 3×3, 4×3, 5×3, 6×3은 mod 7로 보면 3, 6, 2, 5, 1, 4가 되어 1, 2, 3, 4, 5, 6의 치환입니다). 이는 k, $l=1, \cdots, p-1$에 대해 $k<l$일 때 kb와 lb가 F_p에서는 서로 다르기 때문입니다.

$$kb \not\equiv lb \mod p$$

왜냐하면 b도 $l-k$도 모두 1, ⋯, $p-1$ 중 하나이므로 $lb-kb=(l-k)b$는 p의 배수가 아니기 때문입니다. 따라서 $b, 2b, 3b, \cdots, (p-1)b \mod p$ 중에 단 하나만 a와 같은 것이 있고, $kb=a$가 되면 $a \div b=k$라고 구할 수 있습니다.

이로부터

$$b \times 2b \times \cdots \times (p-1)b \equiv 1 \times 2 \times \cdots \times (p-1) \mod p$$

도 성립합니다. 따라서

$$(p-1)!b^{p-1} \equiv (p-1)! \mod p$$

이므로

$$b^{p-1} \equiv 1 \mod p$$

가 됩니다. 이를 '페르마의 작은 정리'라고 부릅니다(페르마의 마지막 정리는 '페르마의 대정리'라고 부릅니다). $b=0$일 때도 넣으려면

$$b^p \equiv b \mod p$$

의 형태로 해 두는 게 괜찮습니다.

소수 p에 대해 p개의 원소로 이루어진 유한체 F_p(체라고 하

는 것은 덧셈, 곱셈, 뺄셈, 나눗셈과 같은 사칙연산이 가능한 수의 집합)와 p^n개의 원소로 이루어진 유한체 F_{p^n}은 갈루아(Galois, 1811~1832)가 1830년경에 발견했습니다. 이와 같은 유한의 세상에도 제타(F_p 제타)가 있습니다. 예를 들어 생각해 봅시다. 이제 방정식

$$E : y^2 - y = x^3 - x^2$$

을 취합니다(이 '곡선'은 타원 곡선이라고 불리는 것의 하나입니다. '타원 곡선'이라는 이름은 타원의 둘레의 길이의 연구와 관련이 있기 때문에 붙은 것인데 타원 자체는 아닙니다). 이 방정식을 F_p에서 생각하여, 그 해의 개수를 N_p라 할 때

$$a(p) = p - N_p$$

라 둡니다.

예를 들어 $p=2, 3, 5, 7$일 때는 다음 페이지의 표처럼 됩니다. 해의 경우를 ○, 그렇지 않은 경우를 ×라 합니다. 이처럼 하여 $a(p)$를 계산하였을 때

$$L_p(s, E) = \begin{cases} (1 - a(p)p^{-s} + p^{1-2s})^{-1} & p \neq 11 \\ (1 - a(11)11^{-s})^{-1} & p = 11 \end{cases}$$

을 $E \bmod p$의 제타라고 말합니다. $p=11$이 좀 이상한 것은 $E \bmod 11$만 이상하기(타원 곡선이 안 됩니다.) 때문입니다. 더구나 $a(11)=1$입니다. 조금 계산해 보면

$$a(p) \equiv 1+p \mod 5$$

를 추측할 수 있을 겁니다.

y \ x	0	1
0	○	○
1	○	○

$p=2 : N_2=4$

$a(2)=-2$

y \ x	0	1	2
0	○	○	×
1	○	○	×
2	×	×	×

$p=3 : N_3=4$

$a(3)=-1$

y \ x	0	1	2	3	4
0	○	○	×	×	×
1	○	○	×	×	×
2	×	×	×	×	×
3	×	×	×	×	×
4	×	×	×	×	×

$p=5 : N_5=4$

$a(5)=1$

y \ x	0	1	2	3	4	5	6
0	○	○	×	×	×	×	×
1	○	○	×	×	×	×	×
2	×	×	×	×	×	×	×
3	×	×	×	×	×	×	×
4	×	×	×	×	×	×	×
5	×	×	×	×	×	×	×
6	×	×	×	×	×	×	×

$p=7$: $N_7=4$

$a(7)=3$

이는 라마누잔이 발견한 합동식

$$\tau(p) \equiv 1+p^{11} \quad \mathrm{mod}\ 691$$

과 배경이 같습니다. 더욱 놀랄 만한 것은

$$|a(p)| < 2p^{\frac{1}{2}}$$

으로 라마누잔의 가설 ②였던

$$|\tau(p)| < 2p^{\frac{11}{2}}$$

의 대응물이 성립합니다. 이는 $L_p(s, E)$에 대해 리만 가설의 유사물인

$$1-a(p)p^{-s}+p^{1-2s}=0 \Longrightarrow \mathrm{Re}(s)=\frac{1}{2}$$

이 성립하는 것과 다름없는데, 이 경우는 곡선(1차원)이므로 라마누잔의 경우(사실은 11차원의 경우입니다)보다 쉬워, 1933년에 하세(Hasse)에 의해 증명되었습니다.

유한 세상의 제타는 독일의 코른블룸(Kornblum, 1890~1914)에 의해 처음으로 연구된 것입니다. 안타깝게도 코른블룸은 그 논문을 남기고 제1차세계대전에서 젊은 나이로 전사하였습니다.

제타의 통일로

제타가 여러 가지 있으면 어떤 재미있는 것들이 있을까요? 이는 소수일 때가 더 잘 알려져 있습니다.

예를 들어 4로 나누어 1이 남는 소수 5, 13, 17, …은 무한개 있을까요? 또 4로 나누어 3이 남는 소수 3, 7, 11, …은 어떨까요? 어느 쪽도 무한개 있을 뿐 아니라 '거의 같은 정도로 존재한다.' 라는 것이 답입니다. 소수의 개수를 세었을 때의 $\pi(x)$와 비슷하게

$\pi_{4,1}(x)=$ 'x 이하의 소수로,

4로 나누어 1이 남는 것의 개수'

$\pi_{4,3}(x)=$ 'x 이하의 소수로,

4로 나누어 3이 남는 것의 개수'

라고 하면

$$\pi_{4,1}(x) \sim \frac{1}{2}\frac{x}{\log x}$$

$$\pi_{4,3}(x) \sim \frac{1}{2}\frac{x}{\log x}$$

가 성립합니다. 이를 보기 위해 두 개의 제타를 이용합니다.

$$\zeta_2(s) = \prod_{p:\text{홀수인 소수}} (1-p^{-s})^{-1}$$

$$= (1-2^{-s})\zeta(s) = \sum_{n:\text{홀수}} n^{-s}$$

와

$$L(s) = \prod_{p:\text{홀수인 소수}} (1-(-1)^{\frac{p-1}{2}} p^{-s})^{-1}$$

$$= \sum_{n:\text{홀수}} (-1)^{\frac{n-1}{2}} n^{-s}$$

입니다. 둘 다 오일러가 연구했던 것입니다. 여기에서

$$\log\left(\frac{1}{1-x}\right)=-\log(1-x)=\sum_{m=1}^{\infty}\frac{x^m}{m}$$

을 사용하면(로그에 대해서는 부록 2를 참고하십시오)

$$\log\zeta_2(s)=\sum_{p\,:\,\text{홀수인 소수}}\sum_{m=1}^{\infty}\frac{1}{m}p^{-ms}$$

$$=\sum_{p\,:\,\text{홀수인 소수}}p^{-s}+Q_1(s)\ \cdots\ ①$$

$$\log L(s)=\sum_{p\,:\,\text{홀수인 소수}}\sum_{m=1}^{\infty}\frac{1}{m}(-1)^{\frac{p-1}{2}m}p^{-ms}$$

$$=\sum_{p\,:\,\text{홀수인 소수}}(-1)^{\frac{p-1}{2}}p^{-s}+Q_2(s)\ \cdots\ ②$$

이므로 $\frac{①+②}{2}$와 $\frac{①-②}{2}$을 만들어

$$\sum_{p\equiv 1 \bmod 4}p^{-s}=\frac{1}{2}\left(\sum_{p\,:\,\text{홀수인 소수}}p^{-s}+\sum_{p\,:\,\text{홀수인 소수}}(-1)^{\frac{p-1}{2}}p^{-s}\right)$$

$$=\frac{1}{2}(\log\zeta_2(s)+\log L(s))-\frac{1}{2}(Q_1(s)+Q_2(s))$$

$$\sum_{p\equiv 3 \bmod 4}p^{-s}=\frac{1}{2}\left(\sum_{p\,:\,\text{홀수인 소수}}p^{-s}-\sum_{p\,:\,\text{홀수인 소수}}(-1)^{\frac{p-1}{2}}p^{-s}\right)$$

$$=\frac{1}{2}(\log\zeta_2(s)-\log L(s))-\frac{1}{2}(Q_1(s)-Q_2(s))$$

가 얻어집니다. 여기에서 $s\downarrow 1$이라(s를 1보다 큰 방향에서 1로

접근시키는 것을 간략하게 나타내는 기호) 하면

$$\zeta_2(s) \to +\infty = 1 + \frac{1}{3} + \frac{1}{5} + \frac{1}{7} + \cdots$$

$$L(s) \to \frac{\pi}{4} = 1 - \frac{1}{3} + \frac{1}{5} - \frac{1}{7} + \cdots$$

$$\left.\begin{array}{l} Q_1(s) \to Q_1(1) \\ Q_2(s) \to Q_2(1) \end{array}\right\} \text{유한 값}$$

을 알 수 있으므로 $\sum_{p \equiv 1 \bmod 4} p^{-1}$과 $\sum_{p \equiv 3 \bmod 4} p^{-1}$이 동시에 무한대라는 것이 나옵니다. 특히 $p \equiv 1 \bmod 4$인 소수도 $p \equiv 3 \bmod 4$인 소수도 어느 쪽도 무한개 있게 됩니다(이는 1837년 — 오일러 곱 발견 100주년! — 에 얻어진 디리클레(Dirichlet)의 '소수 정리'의 한 예입니다).

더욱이 소수의 역수의 합이 무한대라는 오일러의 결과로부터

$$①' \quad \sum_{p\,:\,\text{홀수인 소수}} \frac{1}{p} = \infty$$

을 알 수 있는데, 더 나아가 오일러는 1775년(전집 I-4권, 147쪽)

$$②' \quad \sum_{p\,:\,\text{홀수인 소수}} (-1)^{\frac{p-1}{2}} \frac{1}{p}$$

$$= -\frac{1}{3} + \frac{1}{5} - \frac{1}{7} - \frac{1}{11} + \frac{1}{13} + \frac{1}{17} - \frac{1}{19}$$

$$-\frac{1}{23}+\frac{1}{29}-\cdots$$

$$=-0.3349816\cdots$$

도 구했습니다. 여기에서 $\frac{①'+②'}{2}$와 $\frac{①'-②'}{2}$를 만들면 $\sum_{p\equiv 1 \bmod 4}\frac{1}{p}$과 $\sum_{p\equiv 3 \bmod 4}\frac{1}{p}$이 무한대로 발산하는 것은 한결 쉽게 나옵니다.

지금까지의 이야기를 조금 더 정밀하게 하면

$$\pi_{4,1}(x)\sim\pi_{4,3}(x)\sim\frac{1}{2}\pi(x)\sim\frac{1}{2}\frac{x}{\log x}$$

도 나옵니다.

이상의 계산에서 중요했던

$$1-\frac{1}{3}+\frac{1}{5}-\frac{1}{7}+\cdots=\frac{\pi}{4}$$

라는 식은

$$\frac{\pi}{4}=\int_0^1\frac{dx}{1+x^2}=\int_0^1(1-x^2+x^4-x^6+\cdots)dx$$

$$=1-\frac{1}{3}+\frac{1}{5}-\frac{1}{7}+\cdots$$

으로 증명할 수 있는데, 남인도(라마누잔의 고향과 가깝습니다)의 케랄라 학파의 마드하바(Madhava)가 1400년경에 발견한 공식입니다. 인도의 수학 상황이 그다지 전해지지 않았던 것도 있어서 보통 이 공식은 라이프니츠(Leibniz)의 공식 또는 그레고리(Gregory)의 공식이라고 불리는데, 라이프니츠와 그레고리가 1670년대에 보였다고 알려져 왔습니다. 오일러가

$$1+\frac{1}{4}+\frac{1}{9}+\frac{1}{16}+\frac{1}{25}+\cdots=\frac{\pi^2}{6}$$

을 보였을 때 목표로 했던 식이기도 합니다.

아무튼 제타 통일의 예로 옮겨 가 봅시다.

$$E: y^2-y=x^3-x^2 \text{ (타원 곡선)}$$

의 제타

$$L(s, E)=\prod_{p\neq 11}(1-a(p)p^{-s}+p^{1-2s})^{-1}$$
$$\times(1-a(11)11^{-s})^{-1}$$

은 이전의 '유한 세상 F_p' 에서 본 적이 있는데, 이번에는

$$F=q\prod_{n=1}^{\infty}(1-q^n)^2(1-q^{11n})^2 \text{ (보형 형식 : 무게 2)}$$

를 생각합시다. 라마누잔의 $\tau(n)$의 경우와 비슷하게 F의 무

한 곱을 멱급수로 전개하여

$$F=\sum_{n=1}^{\infty} b(n)q^n$$

이라 합니다. 조금 계산하면

$$\begin{aligned}F&=q(1-q)^2(1-q^2)^2(1-q^3)^2(1-q^4)^2\cdots\\&=q(1-2q+q^2)(1-2q^2+q^4)(1-2q^3+q^6)\cdots\\&=q-2q^2-q^3+2q^4+q^5+\cdots\end{aligned}$$

이므로

$$b(1)=1,\ b(2)=-2,\ b(3)=-1,\ b(4)=2,\ b(5)=1,\ \cdots$$

입니다. 이 F에 대해 제타를

$$\begin{aligned}L(s,F)&=\prod_{p\neq 11}(1-b(p)p^{-s}+p^{1-2s})^{-1}\\&\quad\times(1-b(11)11^{-s})^{-1}\\&=\sum_{n=1}^{\infty} b(n)n^{-s}\end{aligned}$$

로 정합니다. $p=11$이 이상한 것은 F의 레벨이 11이어서 그곳에서만 이상하기 때문입니다. $b(11)=1$입니다. [이 $L(s, F)$는 바로 이 형태로 라마누잔의 노트에 남아 있습니다. 라

마누잔은

$$\tau(n) \equiv b(n) \mod 11$$

이라는 합동식에 주목했습니다.]

이때 다음의 놀라움을 금치 못하는 정리가 성립합니다.

1954년에 나온 아이클러(Martin Eichler)의 정리 $L(s, E) = L(s, F)$.

즉, 모든 소수 p에 대해 $a(p) = b(p)$가 성립한다는 것입니다(그러므로 특히 F에 대한 라마누잔 예상의 유사물인 $|b(p)| < 2\sqrt{p}$가 증명됩니다)!

이 아이클러의 등식은 왼쪽은 E라는 대수적인 것, 오른쪽은 F라는 해석적인 것으로부터 나온 것으로

대수적 제타	=	해석적 제타

라는 예상외의 등식입니다. 왜 같은 제타이면서 보이는 방법이 다를까라는 점은 제타를 생물에 비교해 보면 쉽게 알 수 있습니다. $L(s, E)$는 식물의 씨앗이고 $L(s, F)$는 거기서부

터 싹이 나와 성장한 나무라고 생각해 보십시오.

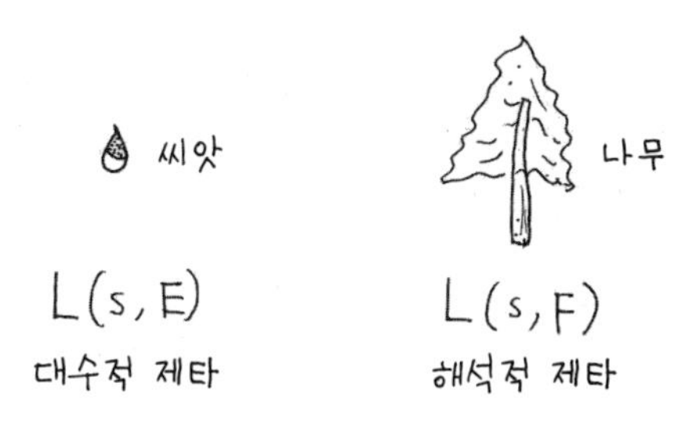

같은 식물이지만 겉으로는 그렇게 보이지 않을 뿐입니다(이 예는 해석적 제타는 자라나는데 대수적 제타는 키우는 것이 힘들다는 실제 문제도 멋지게 설명해 줍니다). 우리들은 제타 행성의 생물을 보고 있는 것은 아닐까요? 그렇다면 제타 통일은 '제타는 본래 하나로부터 진화했다.' 라고 말할 수 있습니다.

응용으로 1995년에 와일즈가 증명한 페르마의 마지막 정리를 봅시다. 이는 많은 타원 곡선 E에 대해 $L(s, E)=L(s, F)$인 보형 형식 F가 있다는 것을 증명해 얻어집니다.

[페르마의 마지막 정리 증명 방침(귀류법)]

$a^p+b^p=c^p$인 소수 $p\geq 3$과 자연수 a, b, c가 있다고 한다.

$\overset{\text{프라이(Frey)}}{\Longrightarrow}$ 타원 곡선 $E: y^2=x(x-a^p)(x+b^p)$를 만든다.

$\overset{\text{와일즈}}{\Longrightarrow}$ $L(s, E)=L(s, F)$인 보형 형식 F가 있다.

$\overset{\text{리벳(Ribet)}}{\Longrightarrow}$ 이러한 F는 존재하지 않는다

($L(s, F)$의 mod p를 본다).

$\Longrightarrow$ 모순

$\Longrightarrow$ 해 a, b, c는 존재하지 않는다. **(증명 끝)**

지금은 두 형태(타원 곡선의 제타는 H형, 보형 형식의 제타는 L형)의 제타 통일을 생각했는데, 제타는 네 개의 형태(H형, L형, A형, S형)로 구분됩니다. 이를 모두 통일하고 싶다는 것이 다음 쪽의 그림에 있는 '제타 통일의 꿈' 입니다. 여기에서 H(하세), L(랭글랜즈, Langlands), A(아르틴, Artin), S(셀베르그)는 각자 연구했던 수학자 이름의 머리글자로부터 왔습니다. 최종적으로 S형의 제타로 통일할 수 있다고(모든 제타는 S형의 제타와 일치한다) 기대됩니다. 이는 모든 제타 $Z(s)$를 대응하는 작용소 (행렬) D에 의해

$$Z(s)=\det(D-s)$$

로 행렬식으로 표시하는 것과 결부돼 있습니다. 제타가 생물이라는 견해를 따른다면, 작용소 D는 제타의 DNA에 해당하는 것입니다.

제타의 통일

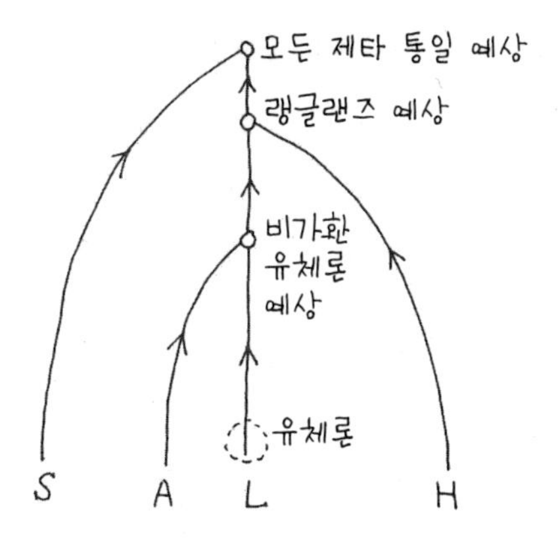

더욱이 기묘하게도 이런 제타 통일의 모습은 물리학에 있어서의 네 개의 힘의 통일 예상과 꽤 비슷합니다(다음 쪽의 그림).

게다가 사용하는 수학마저 비슷해져 간다는 느낌입니다. 모든 힘의 통일의 유력한 후보인 초끈 이론에 사용되는 수학은 보형 형식론과 스킴 이론 등 수론적 색채가 대단히 강합니다. 이는 피타고라스가 말했던 대로 '만물은 수'의 실현으로 향한다는 것의 '증거'일지도 모릅니다. 확실히 자연계 깊숙이 소수 전체의 공간

$$\{2, 3, 5, 7, 11, 13, \cdots\}$$

이 기다리고 있는 것입니다.

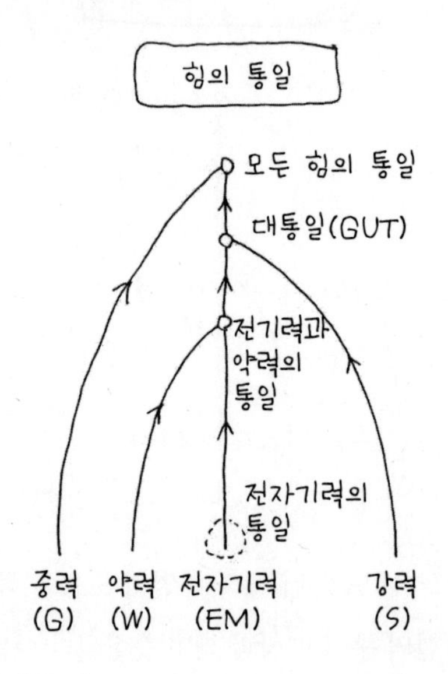

제타의 풍경

흔히 '제타는 생물이다.' 라고 말합니다.

제타를 연구할 때 제타라는 것이 지구의 생물과 꼭 닮아 보인다는 것을 말하는 것입니다. 제타와 지구 생물의 비교는 끝이 없지만 하나만 올려 둡니다.

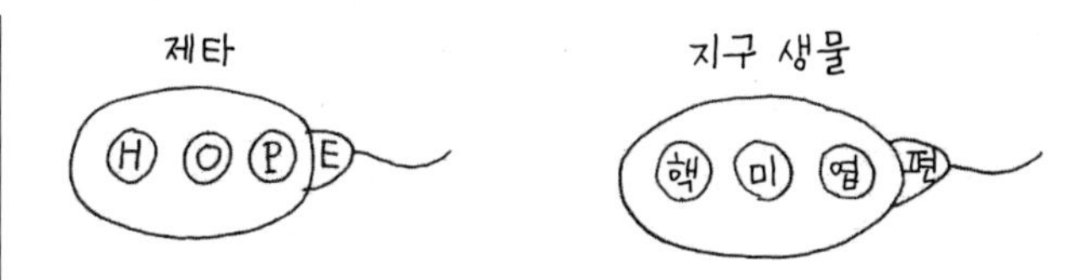

이는 생물의 기본적인 네 구성 요소인 핵, 미토콘드리아, 엽록체, 편모에 대응하여 제타에는 H(쌍곡), O(원), P(포물), E(타원)이라 불리는 네 개의 구성 요소가 있다는 그림입니다. 제타는 '희망(HOPE)'이 흘러넘치는 것 같습니다. 이 네 개의 구성 요소가 갖추어진 것은 지구 생물로 치면 연두벌레 같은 것이고, 제타에서는 모듈러 곡면의 셀베르그 제타 등입니다. $\zeta(s)$는 엽록체, 다중 감마는 미토콘드리아, 보통의 감마는 편모 등에 대응합니다. 지구 생물에는 동물처럼 ㉓이 빠진 것(핵미편)이 있는데, 이에 대응하여 제타에는 Ⓟ가 빠진 콤팩트 제타(HOE)라는 것이 있습니다. 비슷하게 ㉔과 Ⓔ가 빠진 핵미엽(보통의 식물), HOP 등 여러 가지의 것이 있습니다. 이는 공생 진화론적으로 보면 잘 이해할 수 있습니다. [제타를 생물로 해설한 것에 대해서는 구로카와「수로부터 본 수학의 전개」(일본경제 신문 사이언스, 1994년 6월호 30~39쪽)를 권합니다.] 제타를 연구하려면 제타와 친하게 지내는 것이 제일인데, 그를 위해서는 제타 행성의 생물이라고 생각하면 좋지 않을까 생각합니다. [제타 행성의 풍경에 대한 이마이 시호(今井志保)의「제타 풍물지」(구로카와 편저『제타 연구소 소식지』수

록)를 보시길 권합니다.]

언제였는지 "제타는 초록색을 가득 담은 굉장히 멋진 색을 하고 있습니다."라고 어떤 사람이 말하는 것을 듣고 눈이 번쩍 뜨이는 듯한 느낌이 들었습니다. 한마디로 잘 담아 냈기 때문입니다.

수학과는 동떨어진 것을 바라보는 말이라고 생각합니다. 먼 풍경을 보는 것은 재미있습니다.

●○○ 알면 더 재미있는!

수학의 미래로

열쇠를 쥐고 있는 셀베르그 제타

셀베르그(Atle Selberg, 1917~2007)는 노르웨이 출신의 수학자입니다. 셀베르그는 17살 때 라마누잔의 논문집을 읽고 감동하여 수학을 본격적으로 시작했다고 합니다. 1952년, 그는 제타의 역사상에서 획기적인 제타를 발견했습니다. 그때까지 제타는 어떻게든 소수 공간 {2, 3, 5, …}와 관련된 것이었는데, 그것과는 전혀 다른 '눈에 보이는' 곡면(리만이 연구했던 공간)의 제타를 생각했던 것입니다.

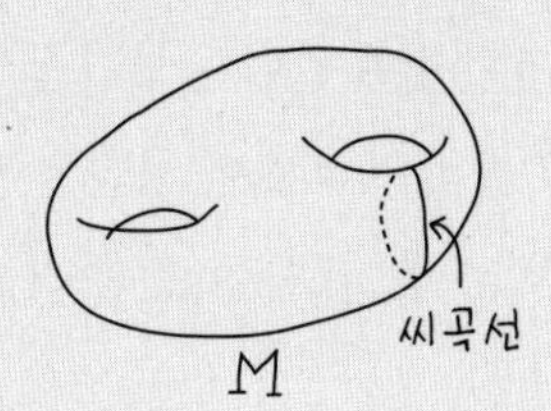

이것이 '셀베르그 제타(R 제타)' 입니다. M을 곡면이라 하고 구멍의 수가 $g \geq 2$(그림에서는 $g=2$: '두 개의 구멍이 있는

도넛' 또는 '2인승 튜브')라고 할 때, M의 제타 $\varsigma(s, M)$은

$$\varsigma(s, M) = \prod_{p \in P(M)} (1 - N(p)^{-s})^{-1}$$

입니다. 여기에서

$$P(M) = \{M \text{위의 '씨곡선' 전체}\}$$

로 각 $p \in P(M)$에 대해

$$N(p) = e^{l(p)},\ l(p) = [p\text{의 길이}]$$

라고 놓습니다. '씨곡선(primitive closed geodesic)'이라는 것은 곡면 상의 핀처럼 가느다란 끈의 고리로 여러 번 감겨 있지 않는 것을 가리킵니다. 따라서 셀베르그 제타 $\varsigma(s, M)$은 M 위의 씨곡선 p 전체에 관련된 곱이 됩니다.

이때 $\varsigma(s, M)$은 $\varsigma(s)$와 비슷한 성질을 갖습니다. 모든 복소수 s에 대해 의미를 갖고 함수 등식 $\varsigma(s, M) \leftrightarrow \varsigma(-s, M)$, 더 자세히 말하면

$$\varsigma(s, M)\varsigma(-s, M) = (2 \sin \pi s)^{4-4g}$$

를 만족합니다. 그 결과 '소수 정리'

$$\pi_M(x) = [N(p) \leq x \text{인 } p \in P(M) \text{의 개수}]$$
$$\sim \frac{x}{\log x}$$

도 성립합니다.

특히 주목할 것은 $\varsigma(s, M)$에 대해서는 리만 가설의 유사물을 증명할 수 있다는 것입니다. 이는 $\varsigma(s, M)$의

$$\text{본질적 영점은 } -\frac{1}{2} \pm i\sqrt{\lambda - \frac{1}{4}}$$
$$\text{본질적 극점은 } \frac{1}{2} \pm i\sqrt{\lambda - \frac{1}{4}}$$

라는 꼴을 하고 λ는 M의 라플라스 작용소 $\varDelta_M$이라는 미분 작용소(무한 차의 행렬)의 고윳값이 되는 것이 알려졌기 때문입니다(λ는 그리스 문자로 '람다(lambda)' 라고 읽습니다). 이처럼 셀베르그 제타에는

{씨곡선} ⇔ {본질적인 영점과 극점} ⇔ {고윳값}

이라는 리만이 꿈꿔 왔던 대응 관계가 모두 나옵니다. 이 관계는 셀베르그의 대각합 공식

$$\sum_{p \in P(M)} \mathrm{M}(p) = \sum_{\lambda \in \mathrm{Spec}(\varDelta_M)} \mathrm{W}(\lambda)$$

로 명확히 표현됩니다. 여기에서 Spec(Δ_M)은 Δ_M의 고윳값 전체입니다. 대각합 공식이라는 이름은 오른쪽 변이 무한차의 행렬 W(Δ_M)의 대각합(고윳값 $W(\lambda)$ 전체의 합)이 된다는 것으로부터 왔습니다. 이 해석적인 양이 왼쪽 변에 나타난 M(p)의 합이라는 기하학적인(군이라는 대수적인 언어로도 쓸 수 있습니다) 양과 같다는 것으로 이질적인 것 사이의 등식이 대각합 공식입니다. M과 W는 '푸리에(Fourier) 변환'이라는 것으로 서로 관계돼 있습니다. 셀베르그 대각합 공식은 쌍대성의 한 예입니다(부록 4를 참고하십시오). 앞서 '라마누잔의 $\tau(n)$에 대한 여러 가지 공식'에서 나왔던 $\tau(n)$의 공식 (C)는 이 셀베르그 대각합 공식의 특별한 경우입니다.

셀베르그 제타와 셀베르그 대각합 공식은 더 일반적인 공간에 대해서도 연구되어 있습니다. 제게는 이 셀베르그의 발견이 20세기 최대의 발견처럼 생각됩니다. 셀베르그 대각합 공식의 왼쪽 변은 고전 묘상(궤도), 오른쪽 변은 양자 묘상(스펙트럼)이 되는 것도 상징적입니다. 들리뉴에 의한 라마누잔 가설의 증명(스킴 이론으로의 이행)이나 와일즈에 의한 페르마의 마지막 정리의 증명(보형 표현의 기초체 변환)에도 셀베르그의 대각합 공식이 사용돼 있습니다. $\zeta(s)=\zeta(s, M)$인 공간 M이 발견되면 소수 공간 {2, 3, 5, …}의 연구도 깊어지고 리만 가설의 증명까지 도달한다고 해도 틀리지 않습니다.

절대 수학은 제타 통일을 목표로 연구되고 있습니다. 이를 위해 제타를 분류한다면

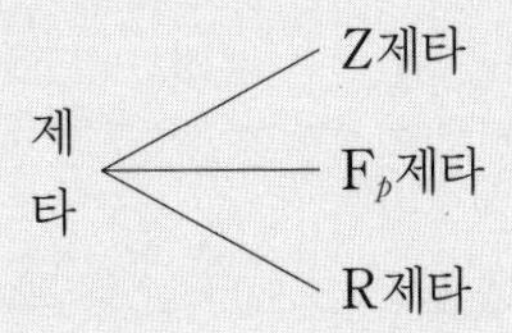

가 알기 쉽습니다. R제타는 셀베르그 제타입니다. F_p제타는 유한 세상의 제타인데, 일반적인 Z제타의 p 성분이 됩니다. 이 중 F_p제타와 R제타에는 제타 $Z(s)$의 행렬식 표현

$$Z(s)=\det(D-s)$$

가 알려져 있어, $Z(s)$의 영점과 극점의 고윳값 해석을 할 수 있어 리만 가설의 대응물까지 증명돼 있습니다.

이와 같은 배경으로부터 'Z제타에 대해서도 행렬식 표현을 하고 싶다.' 거나 '영점과 극점의 고윳값 해석을 하고 싶다.' 라고 바라는 것은 자연스럽습니다. 이를 위해서 어떻게 하면 좋을까요? 하나의 제안은 Z와 F_p와 R에 공통적으로 포함된 '최소체 F_1' 을 생각해 모든 제타를 F_1제타 (범 제타)로 통일하자는 방침입니다.

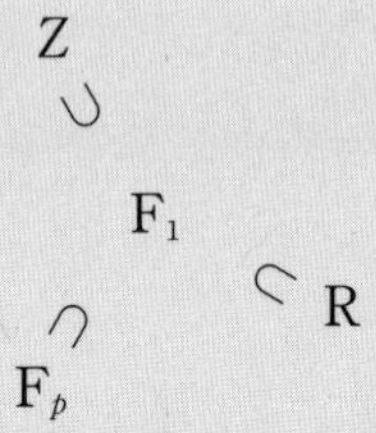

$$
\begin{array}{ccc}
Z & & \\
\cup & & \\
 & F_1 & \\
 & & \subset R \\
\cap & & \\
F_p & &
\end{array}
$$

이것이 절대 수학(F_1 수학)입니다.

단, F_1은 마치 "{1}"과 같은 것으로 보통 의미로 존재하지 않는 가상적인 '체' 입니다(체는 앞에서 설명했지만, 사칙연산이 가능한 수 집합을 가리킵니다).

F_1까지 끌어내지는 못했지만 1850년경의 크로네커(Leopold Kronecker)로부터 Z 위의 것(대수체)과 F_p 위의 것(함수체)을 통일적으로 다룬다는 사고방식이 처음 나와 1950년대에 이르러 그로텐디크의 스킴 이론으로 결실을 맺었습니다. 또한 이와사와 겐키치[岩沢健吉]에 의해 같은 방향으로 '이와사와 이론' 이 구축되어 와일즈에 의한 페르마의 마지막 정리의 증명에 깊은 영향을 주었습니다. 이러한 연구를 F_1 수학으로 다시 보는 것은 대단히 흥미로운 것이 아닐까 생각합니다.

부록 1

소인수 분해의 유일성 증명

기호 : 정수 a, b에 대해, 'b가 a로 나누어떨어진다(즉, 'a가 b의 약수이다' 혹은 'b가 a의 배수이다')'는 것을 $a|b$로 나타낸다. 그렇지 않을 때는 $a\nmid b$로 쓴다.

① 0이 아닌 정수 a, b에 대하여

$$(a,\ b)=\{am+bn \mid m,\ n\in Z\}\subset Z=\{0,\ \pm1,\ \pm2,\ \cdots\}$$

라 놓자. 이때 (a, b)에 속하는 최소의 자연수를 d라 하면

$$(a,\ b)=\{0,\ \pm d,\ \pm 2d,\ \cdots\}=dZ$$

가 된다.

(증명) d는 $d=am_0+bn_0$로 쓸 수 있음에 유의한다. 먼저 $(a, b)\supset dZ$는 $k\in Z$에 대하여

$$dk=a(m_0k)+b(n_0k)\in(a,\ b)$$

로부터 알 수 있다. 다음으로 $(a, b)\subset dZ$를 보이자. (a, b)의 임의의 원소 $x=am+bn$에 대하여 x를 $d=am_0+bn_0$로 나누었을 때, 몫을 k, 나머지를 l이라 하면 $l=0, 1, \cdots, d-1$이고, $x=dk+l$이 된다. 그러면

$$l=x-dk=a(m-m_0k)+b(n-n_0k)\in(a, b)$$

이므로 $l\neq0$이면 d의 선택에 모순이다. 따라서 $l=0$이 되어 $x=dk$는 dZ에 속한다. **(증명 끝)**

② p를 소수라 하자. 자연수 a, b에 대해 ab가 p의 배수라면 a 또는 b가 p의 배수다.

(증명) 귀류법으로 증명한다. $p|ab$인데 $p\nmid a$, $p\nmid b$라고 하자. ①에 의해 (p, a), (p, b)를 생각하면

$$(p, a)=d_1Z, (p, b)=d_2Z$$

가 되는 자연수 d_1, d_2가 있는 것을 안다. 이때 $d_1=d_2=1$이다. 왜냐하면

$$p\in(p, a)=d_1Z \text{로부터 } d_1|p$$
$$a\in(p, a)=d_1Z \text{로부터 } d_1|a$$

이어야 한다. $d_1|p$로부터 $d_1=1$ 또는 $d_1=p$인데, $d_1=p$이면 $p|a$가 되어 버리기 때문에 $d_1=1$ 밖에 될 수 없다. 같은 방법으로 $d_2=1$이다. 그러므로

$$1=pm_1+an_1$$
$$1=pm_2+bn_2$$

인 m_i, $n_i \in Z$를 잡을 수 있다. 양변을 곱하면

$$1=p(pm_1m_2+bm_1n_2+am_2n_1)+ab(n_1n_2)$$

가 된다. 여기에서 오른변의 ab는 p의 배수이므로 1이 p의 배수가 되어 모순이다. 그러므로 $p|a$ 또는 $p|b$가 성립한다.
(증명 끝)

③ 자연수 n의 소인수 분해가

$$p_1 \times \cdots \times p_r = n = q_1 \times \cdots \times q_s$$

이 되면 $r=s$이고 $p_1, \cdots, p_r$과 $q_1, \cdots, q_s$는 순서를 제외하면 일치한다($q_1, \cdots, q_s$는 $p_1, \cdots, p_r$의 치환). 즉, 소인수 분해의 유일성이 성립한다.

(증명) $p_r|(q_1 \times \cdots \times q_s)$이므로 ②에 의해 p_r은 $q_1, \cdots, q_s$의

어느 하나로 나누어떨어진다(②는 '$a_1a_2 \cdots a_k$가 p의 배수이면 $a_1, a_2, \cdots, a_k$의 어느 하나가 p의 배수'의 꼴이 된다). 그것이 (순서를 바꿔) q_s라면, p_r, q_s가 소수이므로 $p_r=q_s$가 된다. 그러므로

$$p_1 \times \cdots \times p_{r-1} = q_1 \times \cdots \times q_{s-1}$$

이 된다. 이를 되풀이하면 $r=s$라는 것과 $p_1, \cdots, p_r$이 $q_1, \cdots, q_s$의 치환인 것을 알 수 있다. **(증명 끝)**

부록 2

지수와 로그

$$e=\sum_{n=0}^{\infty}\frac{1}{n!}=2.718281828459\cdots$$

를 자연 로그의 밑이라고 부른다. 실수 x(복소수여도 괜찮다)에 대해 지수 함수 e^x를

$$e^x=\sum_{n=0}^{\infty}\frac{x^n}{n!}=1+x+\frac{x^2}{2}+\frac{x^3}{6}+\frac{x^4}{24}+\cdots$$

라고 정의하면 $e^xe^y=e^{x+y}$가 성립한다.

$$\begin{aligned}e^xe^y&=\left(\sum_{l=0}^{\infty}\frac{x^l}{l!}\right)\left(\sum_{m=0}^{\infty}\frac{y^m}{m!}\right)\\&=\sum_{l,m=0}^{\infty}\frac{x^ly^m}{l!m!}\\&=\sum_{n=0}^{\infty}\left(\sum_{l=0}^{n}\frac{x^ly^{n-l}}{l!(n-l)!}\right)\\&=\sum_{n=0}^{\infty}\frac{1}{n!}\left(\sum_{l=0}^{n}{}_n\mathrm{C}_l x^l y^{n-l}\right)\end{aligned}$$

$$= \sum_{n=0}^{\infty} \frac{(x+y)^n}{n!}$$
$$= e^{x+y}.$$

또한 양수 x에 대해 로그 함수 $\log x$를

$$\log x = \int_1^x \frac{dt}{t}$$

로 정의하면 $\log(xy) = \log x + \log y$가 성립한다.

$$\log(xy) = \int_1^{xy} \frac{dt}{t}$$
$$= \int_1^x \frac{dt}{t} + \int_x^{xy} \frac{dt}{t}$$

인데, 뒤의 적분 변수를 $t = xu$라고 바꿔 넣으면

$$\log(xy) = \int_1^x \frac{dt}{t} + \int_1^y \frac{du}{u}$$
$$= \log x + \log y.$$

이때 $\log(e^x) = x$와 $e^{\log x} = x$도 알 수 있다.

더욱이 $|x| < 1$일 때

$$\log(1+x)=\sum_{n=1}^{\infty}\frac{(-1)^{n-1}}{n}x^n$$

이다. 왜냐하면

$$\begin{aligned}\log(1+x)&=\int_1^{1+x}\frac{dt}{t}\\&=\int_0^x\frac{du}{1+u}\ (t=1+u\text{라고 치환하였다})\\&=\int_0^x(1-u+u^2-u^3+\cdots)du\\&=\left[u-\frac{u^2}{2}+\frac{u^3}{3}-\frac{u^4}{4}+\cdots\right]_0^x\\&=x-\frac{x^2}{2}+\frac{x^3}{3}-\frac{x^4}{4}+\cdots.\end{aligned}$$

그런데 제1장에서 이용했던 부등식에

$$0<x\leq\frac{1}{2}\text{일 때 }\frac{1}{1-x}<e^{2x}<10^x$$

가 포함돼 있었다. 오른쪽 부등식은 $e^2<3^2=9<10$으로부터 알 수 있다. 왼쪽은

$$e^{2x}=1+2x+\cdots>1+2x$$

에 의해

$$e^{2x}(1-x) > (1+2x)(1-x) = 1+x-2x^2$$
$$= 1+x(1-2x) \geq 1$$

이 되는 것으로부터 알 수 있다.

부록 3
$\zeta(3)$의 오일러 공식

$$\zeta(3)=\frac{1}{1^3}+\frac{1}{2^3}+\frac{1}{3^3}+\cdots$$
$$=\frac{2\pi^2}{7}\log 2+\frac{16}{7}\int_0^{\frac{\pi}{2}} x\log(\sin x)dx$$

(오일러, 1772년, 전집 I-15권, 150쪽)

(증명) $0<x<\pi$일 때

$$\begin{aligned}\log(2\sin x)&=\log(|1-e^{2ix}|)\\&=\mathrm{Re}\log(1-e^{2ix})\\&=\mathrm{Re}\left(-\sum_{n=1}^{\infty}\frac{e^{2inx}}{n}\right)\\&=-\sum_{n=1}^{\infty}\frac{1}{n}\cos(2nx)\end{aligned}$$

으로부터

$$\log(\sin x) = -\sum_{n=1}^{\infty} \frac{1}{n}\cos(2nx) - \log 2$$

이 된다(오일러 전집 I-15권, 130쪽). 그 결과

$$\begin{aligned}
&\int_0^{\frac{\pi}{2}} x\log(\sin x)dx \\
&= -\sum_{n=1}^{\infty} \frac{1}{n}\int_0^{\frac{\pi}{2}} x\cos(2nx)dx - \int_0^{\frac{\pi}{2}} (\log 2)x dx \\
&= -\sum_{n=1}^{\infty} \frac{1}{n}\int_0^{\frac{\pi}{2}} x\cos(2nx)dx - \frac{\pi^2}{8}\log 2
\end{aligned}$$

가 된다. 여기에서 부분 적분에 의해

$$\begin{aligned}
&\int_0^{\frac{\pi}{2}} x\cos(2nx)dx \\
&= \left[\frac{x\sin(2nx)}{2n}\right]_0^{\frac{\pi}{2}} - \int_0^{\frac{\pi}{2}} \frac{\sin(2nx)}{2n}dx \\
&= \frac{1}{(2n)^2}[\cos(2nx)]_0^{\frac{\pi}{2}} \\
&= \frac{1}{(2n)^2}((-1)^n - 1) \\
&= \begin{cases} -\frac{1}{2n^2} & \cdots\ n\text{이 홀수일 때} \\ 0 & \cdots\ n\text{이 짝수일 때} \end{cases}
\end{aligned}$$

이 되는 것을 이용하면

$$\int_0^{\frac{\pi}{2}} x\log(\sin x)dx$$

$$=-\sum_{m=0}^{\infty}\frac{1}{2m+1}\left(-\frac{1}{2(2m+1)^2}\right)-\frac{\pi^2}{8}\log 2$$

$$=\frac{1}{2}\sum_{m=0}^{\infty}\frac{1}{(2m+1)^3}-\frac{\pi^2}{8}\log 2$$

$$=\frac{1}{2}\cdot\frac{7}{8}\zeta(3)-\frac{\pi^2}{8}\log 2$$

가 되어 $\zeta(3)$의 식이 밝혀졌다. **(증명 끝)**

이 공식은 삼중 사인 함수

$$S_3(x)=e^{\frac{x^2}{2}}\prod_{n=1}^{\infty}\left\{\left(1-\frac{x^2}{n^2}\right)^{n^2}e^{x^2}\right\}$$

을 사용하면

$$\zeta(3)=\frac{8}{7}\pi^2\log\left(2^{\frac{1}{4}}S_3\left(\frac{1}{2}\right)^{-1}\right)$$

이 되는 것에 주의하자. 삼중 사인 함수는 보통의 사인 함수의 경우

$$\sin(\pi x) = \pi x \prod_{n=1}^{\infty} \left(1 - \frac{x^2}{n^2}\right)$$

이 되는 것의 유사물이다.

또한 이중 사인 함수는

$$S_2(x) = e^x \prod_{n=1}^{\infty} \left\{ \left(\frac{1-\frac{x}{n}}{1+\frac{x}{n}} \right)^n e^{2x} \right\}$$

이다. 다중 삼각 함수에 대해서는 몹시 흥미 있는 것이 여러 가지 알려져 있는데, 알려지지 않은 많은 것들이 해명을 기다리고 있다. 다음 소개를 참조해도 좋다. 구로카와 「소수, 제타 함수, 삼각 함수 : 세 가지 사이의 문제」(『수학의 즐거움』 2006년 여름호).

부록 4
감마와 제타의 쌍대성

$$`1+2+3+\cdots\text{'}=-\frac{1}{12}$$

$$`1\times 2\times 3\times\cdots\text{'}=\sqrt{2\pi}$$

를 정확히 설명하고 제타의 함수 등식을 증명할 것인데, 감마 함수라는 것을 사용한다. 감마 함수 $\Gamma(s)$는 $s>0$일 때 적분

$$\Gamma(s)=\int_0^\infty x^{s-1}e^{-x}dx$$

로 정의된다(s는 실수 부분이 양수인 복소수면 된다). 이는 점화식

$$① \qquad \Gamma(s+1)=s\Gamma(s),\ \Gamma(1)=1$$

을 만족하므로(부분 적분해 보면 알 수 있다) s가 자연수라면

$$\Gamma(s+1)=s(s-1)\times\cdots\times 1=s!$$

이 된다. 원래 감마 함수는 계승 $s!$의 일반화로 오일러가 도

입한 것이었다. $\frac{3}{2}!$등을 $\frac{3}{2}\times\cdots\times 1$로는 생각하기 어렵지만 적분의 형태로는

$$\frac{3}{2}! = \Gamma\left(\frac{3}{2}+1\right) = \frac{3\sqrt{\pi}}{4}$$

로 구해진다. 더구나 ①을 이용하면 모든 실수 s(모든 복소수여도 괜찮다)에 대해 $\Gamma(s)$에 의미를 줄 수 있다. 요컨대 s가 음수여도

$$\Gamma\left(-\frac{3}{4}\right) = \frac{\Gamma\left(-\frac{3}{4}+1\right)}{-\frac{3}{4}} = -\frac{4}{3}\Gamma\left(\frac{1}{4}\right)$$

등임을 알 수 있다. 역시 제3장에 나왔던 렘니스케이트 주율 ω는

$$\omega = \frac{\Gamma\left(\frac{1}{4}\right)^2}{2^{\frac{3}{2}}\pi^{\frac{1}{2}}}$$

로 감마를 써서 쓸 수 있다. 감마는 제타의 동료로 제타의 대칭성은 감마를 보충해 주면 완전해진다. 제타와 관련해서 대략 실수체의 감마 $\Gamma_R(s)$와 복소수체의 감마 $\Gamma_C(s)$라는

$$\Gamma_R(s)=\pi^{-\frac{s}{2}}\Gamma\left(\frac{s}{2}\right),\ \Gamma_C(s)=2(2\pi)^{-s}\Gamma(s)$$

의 형으로 표현된다. 감마를 이용하면 오일러가 발견한 $\zeta(s)$의 함수 등식은

$$② \qquad \zeta(1-s)=\Gamma_C(s)\cos\left(\frac{\pi s}{2}\right)\zeta(s)$$

으로 표현된다. 감마에는 2배각공식

$$\Gamma_C(s)=\Gamma_R(s)\Gamma_R(s+1)$$

와 삼각 함수와의 관계

$$\frac{1}{\Gamma_R(1+s)\Gamma_R(1-s)}=\cos\left(\frac{\pi s}{2}\right)$$

가 있어 ②는

$$③ \qquad \Gamma_R(1-s)\zeta(1-s)=\Gamma_R(s)\zeta(s)$$

로 완전히 좌우 대칭인 아름다운 꼴로 쓸 수 있다. 리만은 이것을 간파하는 동시에 대칭성을 한눈에 드러내주는 표현

$$\Gamma_R(s)\zeta(s)$$
$$=\int_1^{\infty}\left(x^{\frac{s}{2}}+x^{\frac{1-s}{2}}\right)\left(\sum_{n=1}^{\infty} e^{-\pi n^2 x}\right)\frac{dx}{x}-\frac{1}{s(1-s)}$$

를 주었다. 이는 모든 복소수 s에 대해서 의미가 있는 표현이다. 그 결과

$$\zeta(0)=-\frac{1}{2},\ \zeta'(0)=-\frac{1}{2}\log(2\pi)$$
$$\zeta(-1)=-\frac{1}{12},\ \zeta(-2)=0,\ \cdots$$

등도 확실히 구하게 되었다.

제타에는 다양한 측면이 있어 공식도 많이 있다. 예를 들면 $s>-3$일 때 쓸 수 있는 공식(s는 실수 부분이 -3보다 큰 복소수여도 좋다)으로

$$\zeta(s)=\lim_{N\to\infty}\left\{\left(\sum_{n=1}^{N} n^{-s}\right)-\frac{N^{1-s}}{1-s}-\frac{1}{2}N^{-s}+\frac{1}{12}sN^{-s-1}\right\}$$

$$\zeta'(s)=\lim_{N\to\infty}\left\{-\left(\sum_{n=1}^{N} n^{-s}\log n\right)+\frac{N^{1-s}\log N}{1-s}\right.$$
$$-\frac{N^{1-s}}{(1-s)^2}+\frac{1}{2}N^{-s}\log N+\frac{1}{12}N^{-s-1}$$
$$\left.-\frac{1}{12}sN^{-s-1}\log N\right\}$$

이 있다. 이로부터

$$\zeta(0)=\lim_{N\to\infty}\left\{\left(\sum_{n=1}^{N}1\right)-N-\frac{1}{2}\right\}=-\frac{1}{2},$$

$$\zeta(-1)=\lim_{N\to\infty}\left\{\left(\sum_{n=1}^{N}n\right)-\frac{N^2}{2}-\frac{N}{2}-\frac{1}{12}\right\}=-\frac{1}{12},$$

$$\zeta(-2)=\lim_{N\to\infty}\left\{\left(\sum_{n=1}^{N}n^2\right)-\frac{N^3}{3}-\frac{N^2}{2}-\frac{N}{6}\right\}=0$$

을 알 수 있다. 여기에서

$$\sum_{n=1}^{N}1=1+1+\cdots+1=N$$

$$\sum_{n=1}^{N}n=1+2+\cdots+N=\frac{N(N+1)}{2}=\frac{N^2}{2}+\frac{N}{2}$$

$$\sum_{n=1}^{N}n^2=1^2+2^2+\cdots+N^2=\frac{N(N+1)(2N+1)}{6}$$

$$=\frac{N^3}{3}+\frac{N^2}{2}+\frac{N}{6}$$

을 사용했다. 그러므로 $\zeta(0)$, $\zeta(-1)$, $\zeta(-2)$ 등의 값은 잘 알려져 있는 합의 공식(제1장 참조)으로부터 나와 버린다! 이런 식으로 보면 무한대가 되는 경우를 정산하여 유한의 것을 구하는 모양임을 쉽게 알 수 있다. 이와 같은 방법은 '재정규화' 라고 불린다(양자 역학에서도 무한대의 발산을 제어하기 위

해 비슷한 방법이 사용된다). 더욱이 $\zeta'(0)$은

$$\zeta'(0)=\lim_{N\to\infty}\left\{-\left(\sum_{n=1}^{N}\log n\right)+N\log N-N+\frac{1}{2}\log N\right\}$$
$$=\lim_{N\to\infty}\log\left(\frac{N^{N+\frac{1}{2}}e^{-N}}{N!}\right)$$

가 되는데, 스털링의 공식

$$\lim_{N\to\infty}\frac{N!}{N^{N+\frac{1}{2}}e^{-N}}=\sqrt{2\pi}$$

를 이용하면

$$\zeta'(0)=-\frac{1}{2}\log(2\pi)$$

도 알 수 있다. 여기에서도 재정규화의 모습이 잘 나타나 있다.

제타의 대칭성을 보여주는 함수 등식은 1750년경에 오일러가 태양과 달의 관계에 비교하였던 것처럼 성격이 다른(반대가 되는) 것을 — 예를 들면

$$\zeta(2)=1+\frac{1}{4}+\frac{1}{9}+\frac{1}{16}+\frac{1}{25}+\frac{1}{36}+\frac{1}{49}+\cdots=\frac{\pi^2}{6}$$

및

$$\zeta(-1) = \text{“}1+2+3+4+5+6+7+\cdots\text{”} = -\frac{1}{12}$$

등 — 이 결부돼 있다는 쌍대성을 나타내고 있다. 제타에는 1859년에 리만이 발견했던 '영점 및 극점'과 '소수' 사이의 쌍대성도 있다. 셀베르그의 대각합 공식도 그렇다. 이는 제타의 아름다움을 보여 주는 동시에 제타의 다양한 인격적인 깊이도 체현하고 있다. 이처럼 '쌍대성'을 이해하는 것은 오일러와 동시대에 일본 토호쿠 지방에서 의사이자 철학자로 활약했던 안도 쇼에키(安藤昌益, 1703~1762)가 내놓았던 호성(互性) 사상과 꽤 어울린다고 생각한다. 쇼에키가 호성 사상을 『통도진전』(이와나미 문고에서 처음 출판되었다)과 『자연진영도(自然眞營道)』에 정리한 것은 희한하게도 오일러와 동일한 1750년경이었다.

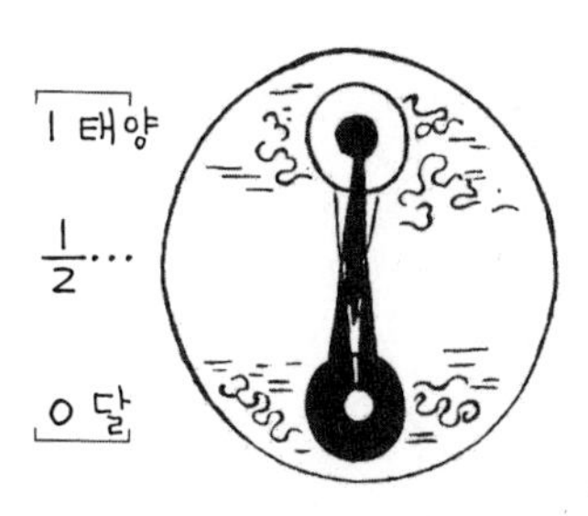

(일신 · 일진의 도해, 안도 쇼에키, 『통도진전』 만국권)

제타는 무슨 말을 걸고 있는 걸까?

*　　*　　*

끝으로 스털링 공식의 기초적인 증명을 첨부한다. 이는 저자가 고등학교 때 발견하여 몇 년 뒤에 「스털링의 공식의 기초적 증명」(『수학 세미나』, 1972년 6월호, 72쪽)에 게재한 방법이다.

우선 $f(x)=\log(1+x)$에 대해

$$① \qquad \lim_{n\to\infty}\left\{\sum_{k=1}^{n} f\left(\frac{k}{n}\right)-n\int_{0}^{1} f(x)\,dx\right\}=\frac{f(1)-f(0)}{2}$$

인 것을 보이자. 이제 구간 $\left[\frac{k-1}{n},\ \frac{k}{n}\right]$에서 $f'(x)$의 최솟값을 m_k, 최댓값을 M_k라 하면

$$m_k\left(\frac{k}{n}-x\right)\le f\left(\frac{k}{n}\right)-f(x)\le M_k\left(\frac{k}{n}-x\right)$$

이 된다. 그러므로

$$\frac{m_k}{2n^2}\le\int_{\frac{k-1}{n}}^{\frac{k}{n}}\left(f\left(\frac{k}{n}\right)-f(x)\right)dx\le\frac{M_k}{2n^2}$$

이 되어

$$\frac{1}{2n}\sum_{k=1}^{n} m_k \le n\sum_{k=1}^{n}\int_{\frac{k-1}{n}}^{\frac{k}{n}}\left(f\left(\frac{k}{n}\right)-f(x)\right)dx \le \frac{1}{2n}\sum_{k=1}^{n} M_k$$

이다. 여기에서 가운데 항은

$$\sum_{k=1}^{n} f\left(\frac{k}{n}\right)-n\int_0^1 f(x)dx$$

에 다름 아니다. 또 양끝의 항은 $n \to \infty$ 일 때

$$\frac{1}{2}\int_0^1 f'(x)dx=\frac{f(1)-f(0)}{2}$$

에 수렴한다. 따라서 ①이 증명되었다.

그런데 $f(x)=\log(1+x)$ 일 때

$$\sum_{k=1}^{n} f\left(\frac{k}{n}\right)=\log\left(\frac{(2n)!}{n!n^n}\right)$$

$$\int_0^1 f(x)dx=[(1+x)\log(1+x)-x]_0^1=\log\left(\frac{4}{e}\right)$$

가 된다. 그러므로 ①은

$$\lim_{n\to\infty}\log\left(\frac{(2n)!}{n!n^n}\left(\frac{e}{4}\right)^n\right)=\frac{\log 2}{2}$$

을 의미한다. 따라서

② $$\lim_{n\to\infty}\frac{(2n)!}{4^n n!}\left(\frac{e}{n}\right)^n=\sqrt{2}$$

이 된다. 여기에서 적분 $\int_0^{\frac{\pi}{2}}\sin^n x dx$의 계산으로부터 얻어 진 잘 알려진 윌리스(Wallis)의 공식

$$\lim_{n\to\infty}\frac{1}{\sqrt{n}}\cdot\frac{2\cdot 4\cdot\cdots\cdot(2n)}{1\cdot 3\cdot\cdots\cdot(2n-1)}=\sqrt{n}$$

즉,

③ $$\lim_{n\to\infty}\frac{4^n(n!)^2}{\sqrt{n}(2n)!}=\sqrt{\pi}$$

을 기억해 내자. 그러면 ②와 ③으로부터

$$\begin{aligned}\lim_{n\to\infty}\frac{n!}{n^{n+\frac{1}{2}}e^{-n}}&=\lim_{n\to\infty}\frac{(2n)!}{4^n n!}\left(\frac{e}{n}\right)^n\cdot\frac{4^n(n!)^2}{\sqrt{n}(2n)!}\\&=\sqrt{2}\cdot\sqrt{\pi}\\&=\sqrt{2\pi}\end{aligned}$$

가 되어 스털링의 공식이 증명된다.

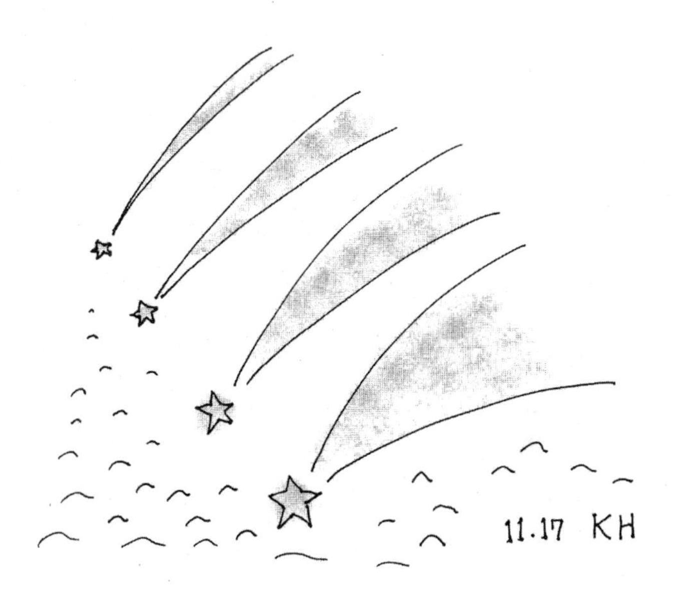
11.17 KH

오일러, 리만, 라마누잔을 둘러싼 제타 여행은 어떠셨습니까? 여기까지 읽어 온 독자는 세 명의 수학자가 운명에 이끌리듯 제타라는 수학의 주제에 도전해 온 것을 알아챘을 거라고 생각합니다.

이 주제도 원래는 지금으로부터 2,500년 전 크로톤에 살았던 피타고라스의 '소수 해명의 꿈'으로부터 내려왔습니다. 이 소수 해명의 꿈이 2,000년의 세월을 거쳐 오일러, 리만, 라마누잔의 '제타 통일의 꿈'에 이르렀고, 현재에는 더욱더 '절대 수학의 꿈'으로 향해 왔습니다.

제타는 이처럼 오랜 역사를 지니고 있지만 지금도 활발히 살아 있습니다. 그 증거로 2006년에 라마누잔의 제타 연구를 발전시킨 사건이 일어났습니다. 그것은 라마누잔 예상을 심화시킨 사토 가설의 타원 곡선 버전('사토 - 테일러 가설'이라고 불립니다)이 하버드 대학의 테일러 교수에 의해 증명된 것입니다. 이는 100년에 한 번 꼴의 대발견이라고 말할 수 있습니다. 다행히 이 책에서는 그 증명이 오일러, 리만, 라마누잔의 제타 배턴을 물려받아 완성되었다는 것을 살짝 엿볼 수 있었습니다.

이 책은 1998년에 출판된 『수학의 꿈 : 소수로부터 전개』를 개정한 것입니다. 초판은 1997년 여름휴가 때 연 이와나미 고등학생 세미나에 바탕을 두고 있습니다. 그 당시와 이번 개정에 신세를 진 편집부의 요시다 우이치[吉田宇一]와 하마카도 마미코[濱門麻美子]에게 감사드립니다.

초판의 서문 「강의에 임하며」에서

보통의 과학에는 눈에 보이는 제재와 그것에 대한 실험이라는 것이 있습니다. 예를 들어 눈의 과학을 연구한 나카타니 우키치로[中谷宇吉郎]는 '눈은 하늘로부터의 편지' 라는 유명한 말을 했습니다. 그것에 비해 수학에는 그러한 '편지' 가 없습니다. 소수를 손으로 만져 볼 수는 없는 것입니다. 수학을 하는 것은 오히려 하늘로 계속 편지를 보내는 고독한 임무입니다. 물론 답장은 기대할 수 없습니다. 하지만 그 내용이 진실을 움직이고 있으면 혹시라도 조금은 바람 편에 닿을지도 모른다고 믿고 해 보자는 것입니다. 그러한 것이기 때문에 수천 년의 역사에도 견뎌 온 것이라고 생각합니다.

라고 썼는데, 그 후 8년 동안 점점 더 강하게 실감했습니다.

독자 여러분이 미해결의 수학 난제나 미개척의 수학 분야에 도전해 보시기를 기대합니다.

2006년 11월 29일

저자 씀

이 책의 번역을 처음 의뢰 받았을 때는 난감했다. 오래전 고등학교를 다닐 때 2년 남짓 배운 것에다, 일본 수학자와의 공동 연구나, 여행, 장기 출장을 가는 경우가 있어 가끔씩 따로 공부한 것이 실력의 전부였기 때문이다. 따라서 일어 번역을 할 수 있는 수준은 아님은 분명히 인정해야겠다.

그럼에도 망설임 끝에 번역을 맡은 것은 다행히도 문학 서적이 아니라 전공 서적에 가깝다는 점이었고, 현대 수학에서 최대의 관심사인 '리만 제타 함수'를 비교적 평이하게 소개하는 책을 우리 독자들에게도 알리고 싶었기 때문이다. 어렸을 때 읽은 책 한 권에서 꿈을 품고 훗날 정말로 페르마의 마지막 정리를 해결한 앤드루 와일즈와 같은 독자를 한 명이라도 건질 수 있다면 이 책을 소개한 보람은 있는 것 아니냐는 설득에 넘어간 것도 사실이다.

사실 리만 제타 함수가 무엇인지, 왜 수학계의 관심사인지를 비수학자들에게 이렇게 작은 책에 제대로 소개하기란 불가능에 가깝다. 이 책보다 뒤에 나왔지만 이미 국내에 소개된 리만 가설을 다룬 교양서적의 두께를 봐도 짐작할 수 있다.

저자의 접근법은 이들과는 꽤 다르다. 제타 함수의 이론에서 중요한 기여자이면서도 대중적인 인지도가 높은 세 사람인 오일러, 리만, 라마누잔을 택해 이들의 공통 접점에 대한 이야기를 풀어가는 방법을 택한 것이다.

어느 정도 핵심을 전달하면서도 지나치게 어려워지지 않도록 신경을 쓴 흔적이 보인다. 전반부에서는 피타고라스나 유클리드를 내세워 비교적 잘 알려진 사실을 재구성하여 거부감을 줄이고 제타 함수에 친숙해지도록 유도하다가, 후반부에 가서는 저자의 꿈 '제타 통일 이론'을 펼치고 있다.

옮긴이를 비롯해서 모든 이가 같은 꿈을 꿀 수도 없고 같은 꿈을 꿀 필요도 없겠지만, 수학자로서 이런 꿈을 꾼다는 것은 부러운 일이다. 리만 가설의 해결과 제타 통일이라는 꿈을 위해 노력하는 저자에게 고개를 숙인다.

비교적 평이하게 소개하면서도 최근 결과까지 다루고 있다는 데서 저자의 역량을 알 수 있지만, 교양 수학에서 다루기에는 수준이 높은 제타 함수를 적은 분량으로 소개하기 때문에 몇 군데 아쉬움이 드는 것은 어쩔 수 없었다. 그래서 아예 제타 함수에 대해 따로 해설을 붙여 볼까 생각도 해 봤지만 실행하지 않았다. 부족하지만, 옮긴이가 〈네이버 오늘의 과

학: 수학산책〉에 게재했던 리만 가설 시리즈를 참고해 주시길 바란다.

이 책을 옮기고 나서, NHK에서 제작한 리만 가설을 다룬 걸작 다큐멘터리 '마성의 난제: 리만 가설, 천재들의 도전'을 볼 기회가 있었다. 옮긴이는 시청하는 내내 미소를 지을 수 있었는데, 많은 부분에서 기시감을 느꼈기 때문이다. 역시나 다큐멘터리 제작 자문위원 명단에서 이 책의 저자 '구로카와 노부시게'를 발견할 수 있었다.

제타 함수와는 조금 거리가 있는 분야를 공부하는 옮긴이지만, 이 책으로부터 몇 가지 얻은 바가 있다. 특히 스털링의 공식에 대한 저자의 독자적인 증명법을 알게 된 후 수업에 활용할 수 있었는데, 기이하게도 최근 옮긴이가 관심을 두던 전혀 다른 분야의 수학 문제를 한층 더 깊게 이해할 수 있었다. 전혀 다른 분야에서 연결 고리를 찾는 경우 느끼는 묘한 맛이 수학을 하는 이유가 아닌가 한다. 그것만으로도 이 책을 알게 된 보람은 있었던 셈인데, 독자 여러분도 여러분만의 보람을 얻어갈 수 있다면 옮긴이로서 더는 바랄 게 없겠다.

참고문헌

a. 그리스 수학 관련

a1. 아리스토텔레스, 『형이상학』(상,하), 이와나미분코[岩波文庫] - 한글판은 김진성 역, 이제이북스.

a2. 디오게네스 라에르티오스, 『그리스 수학자 열전』(상,중,하), 이와나미 분코[岩波文庫] (피타고라스는 하권).

a3. 유클리드, 『기하학 원론』, 교리츠슛판[共立出版] - 한글판은 이무현 역, 교우사.

a4. 우에가키 와타루[上垣渉], 『그리스 수학의 새벽녘』, 닛폰효론샤[日本評論社].

a5. S. K. Heninger Jr., 『천구의음악』, 헤본샤[平凡社].

b. 케플러 관련

b1. Kepler, 『케플러의 꿈』, 고단샤[講談社] 학술 문고.

b2. Kepler, 『우주의 신비』, 고사쿠샤[工作社].

b3. Arthur Kestra, 『요하네스 케플러』, 가와데쇼보신샤[河出書房新社].

c. 오일러, 가우스, 리만, 라이프니츠 관련

c1. 다카키 테지[高木貞治], 『근세 수학사 이야기』, 이와나미분코[岩波文庫], 교리츠 슛판[共立出版].

c2. E. T. Bell, 『수학을 만든 사람들』, 도쿄도쇼[東京圖書] - 한글판은 안재구 역, 미래사.

c3. 곤도 요이츠[近藤洋逸], 『기하학 사상사』, 닛폰효론샤[日本評論社].

c4. D. Laugwitz, 『리만, 인간과 업적』, Springer-Verlag.
c5. Leibniz, 『단자론』, 이와나미분코[岩波文庫].

d. 라마누잔 관련

d1. Robert Kanigel, 『무한의 천재 : 요절한 수학자 라마누잔』, 고사쿠샤(工作社) – 한글판 『수학이 나를 알았다』, 김인수 역, 사이언스북스.

e. 수론, 제타 관련

e1. 다카키 테지[高木貞治], 『초등 정수론 강의』, 교리츠슛판[共立出版].
e2. 가토 가츠야[加藤和也], 구로카와 노부시게[黑川信重], 사이토 다케시[齋藤毅], 『수론 I』, 이와나미쇼텐[岩波書店].
e3. 가토 가츠야[加藤和也], 구로카와 노부시게[黑川信重], 사이토 다케시[齋藤毅], 『수론 II』, 이와나미쇼텐[岩波書店].
e4. 우메다 토오루[梅田亨], 와카야마마사토[若山正人], 구로카와 노부시게[黑川信重], 나카지마 사치코[中島さち子], 『제타의 세계』, 닛폰효론샤[日本評論社].
e5. 구로카와 노부시게[黑川信重], 「랭글랜즈 예상이란? –제타 통일의 꿈–」, 『수학의 즐거움』 1997년 9월호, 닛폰효론샤[日本評論社].
e6. 구로카와 노부시게[黑川信重], 「제타는 살아 있다 –유체론으로부터 영체론으로–」, 『위험한 수학』(아사히 원테마매거진 44), 아사히 신문사[朝日新聞社], 1995년 1월, 160~172쪽.
e7. 『수학 세미나 2096년 1월호』 : 『수학 세미나』 1996년 1월호 별책부록, 닛폰효론샤[日本評論社].
e8. 구로카와 노부시게[黑川信重], 『수학 연구법』, 닛폰효론샤[日本評

論社].

e9. 구로카와 노부시게[黑川信重], 「오일러의 아름다운 수식」, 『수학 세미나』 2006년 2월호.

e10. 구로카와 노부시게[黑川信重], 「속보 : 사토-테이트 예상이 해결되었다」, 『수학 세미나』 2006년 7월호, 13쪽.

e11. 구로카와 노부시게[黑川信重], 「제타로부터 본 공간」, 『현대사상』 2006년 7월호, 116~121쪽.

e12. 구로카와 노부시게[黑川信重], 「소수, 제타함수, 삼각함수 : 3 가지 사이의 문제」『수학의 즐거움』 2006년 여름호, 8~28쪽.

e13. 구로카와 노부시게[黑川信重], 와카야마마사토[若山正人] 『절대 캐시미르 원소』, 이와나미쇼텐[岩波書店].

e14. 구로카와 노부시게[黑川信重], 편저 『제타 연구소소식지』, 닛폰효론샤[日本評論社].

오일러 리만 라마누진의 접점을 찾아서

제타 함수의 비밀

펴낸날 초판 1쇄 2014년 6월 20일
초판 2쇄 2018년 3월 9일

지은이 구로카와 노부시게
옮긴이 정경훈
펴낸곳 (주)살림출판사
출판등록 1989년 11월 1일 제9-210호

주소 경기도 파주시 광인사길 30
전화 031-955-1350 팩스 031-624-1356
홈페이지 http://www.sallimbooks.com
이메일 book@sallimbooks.com

ISBN 978-89-522-2885-7 03410
살림Friends는 (주)살림출판사의 청소년 브랜드입니다.

※ 값은 뒤표지에 있습니다.
※ 잘못 만들어진 책은 구입하신 서점에서 바꾸어 드립니다.

이 도서의 국립중앙도서관 출판시도서목록(CIP)은 서지정보유통지원시스템 홈페이지 (http://seoji.nl.go.kr)와 국가자료공동목록시스템(http://www.nl.go.kr/kolisnet)에서 이용하실 수 있습니다.(CIP제어번호: CIP2014017035)